高等教育精品工程系列教材

数字电路实验教程

徐 琦 刘清平 赵 珂 主 编

陈 琼 王忠华 李忠民 韦芙芽 副主编

U0303954

電子工業出版社.

Publishing House of Electronics Industry

北京·BEIJING

内 容 简 介

本书共七章，第一章、第二章系统介绍了数字电路实验基本技能、布线要求、调试步骤、故障分析和排除方法，以及如何做好实验；第三章为验证性实验，主要用于验证数字电路的一些重要基础知识，突出对学生基本实验能力与技能的培养；第四章为设计性实验，要求学生活学活用本课程所学的基本理论和基本方法，自行设计电路，并进行仿真验证，尽量把可能产生的设计错误提前解决；第五章为综合性实验，电路的设计不局限于数字电路，还要求学生综合运用其他所学知识，这样有利于强化学生综合运用所学知识分析、解决实际问题的能力；第六章用十个案例（项目）详细阐述了数字电路创新性实验项目的制作过程，强调理论与实践应用的有机结合；第七章通过对近年来江西省电子专题设计赛作品的分析，帮助学生进一步综合运用所学知识，建立系统观、工程观和实践观，形成较强的综合实践能力。

本书可作为高等院校电类各专业本、专科电路实验教材，也可作为高年级学生课程设计及相关专业技术人员的参考书。

图书在版编目（CIP）数据

数字电路实验教程 / 徐琦，刘清平，赵珂主编 . —北京：电子工业出版社，2022.3

ISBN 978-7-121-43078-7

Ⅰ. ①数… Ⅱ. ①徐… ②刘… ③赵… Ⅲ. ①数字电路—实验—高等学校—教材 Ⅳ. ①TN79-33

中国版本图书馆 CIP 数据核字（2022）第 039207 号

责任编辑：郭乃明
印　　刷：北京盛通商印快线网络科技有限公司
装　　订：北京盛通商印快线网络科技有限公司
出版发行：电子工业出版社
　　　　　北京市海淀区万寿路 173 信箱　邮编　100036
开　　本：787×1 092　1/16　印张：15.25　字数：388.8 千字
版　　次：2022 年 3 月第 1 版
印　　次：2022 年 9 月第 2 次印刷
定　　价：49.00 元

凡所购买电子工业出版社图书有缺损问题，请向购买书店调换。若书店售缺，请与本社发行部联系，联系及邮购电话：(010) 88254888，88258888。

质量投诉请发邮件至 zlts@phei.com.cn，盗版侵权举报请发邮件至 dbqq@phei.com.cn。

本书咨询联系方式：(010) 88254561，guonm@phei.com.cn。

前　言

随着科学技术的发展，数字电路技术在社会各个领域中都得到了广泛的应用。在院校中，数字电路技术是一门实践性很强的电类专业基础课，想要学好这门课，在学习中不仅要掌握基本原理和基本方法，更重要的是学会灵活应用，而实验就是学好相关知识的一个重要环节。为巩固和提升课堂教学效果，加强学生实际工作技能，培养科学作风，数字电路技术课程的教学需要配有一定数量的实验，才能使学生较好地掌握这门课程的基本内容。

数字电路实验课程是高等学校工科电类专业的重要基础课，同时也为后续专业课程的学习提供必要的理论知识和实践技能，因此本书在内容编排上一方面重视基础知识的完整性，系统地介绍数字电路实验基本技能、布线要求、调试步骤，以及故障分析和排除的同时，要求学生在实验前检索和学习相关背景资料和应用实例，强调做好预习工作，同时要求学生在实验前对所设计的方案进行软件仿真，把可能产生的设计错误前置解决，通过虚实结合、相互补充的教学方式增强实验教学效果，力求使学生扎实掌握基本实验方法和实践技能，以便高质量地独立自主完成相关实验项目；另一方面，在结构体系上，本书重点突出了设计性实验和创新性实验，专门用一章（10个项目）详细阐述了数字电路创新性实验项目的制作过程，强调数字电路理论与实践应用的有机结合，并通过对近年来大学生电子设计竞赛作品的分析，期望激发学生的学习热情和兴趣，以利于学生逐步学会综合运用所学知识，建立系统观、工程观和实践观，形成较强的综合实践能力。实验过程中，本书强调由学生设计实验和测试方案，处理和分析实验数据，充分发挥学生的想象力和创造力，这对培养学生的创新精神具有重要意义。

本书是南昌航空大学省级电工电子实验教学示范中心多年来数字电路实验教学的成果，本校从2008年数字电路实验单独设课以来，先后有十余位教师参加本课程的教学、教材讨论及实验室建设等工作，参加编写的教师主要有徐琦、刘清平、赵珂、彭嵩、陈琼等，他们为编写本书提供了大量资料和宝贵意见，做了大量的工作。**本书不隶属和局限于某一特定的数字电路理论教材，书中的每个基础实验都介绍了相关的原理，因此本书可独立使用！**本书的出版是为了配合实现专业工程认证的开放教学，同时在加强学生基本能力训练的基础上"注重循序渐进的原则"，促使学生主动思考、自主学习，加强其运用所学知识独立解决工程问题的能力及培养创新精神，真正做到"学以致用"，以适应新时期电工电子课程体系和专业工程认证的要求！

在本书的编写过程中，编者不仅参考了授课教师和听课学生提出的反馈意见和建议，也参考了许多其他院校的教材和文献，对于上述给予帮助的人员，编者在此一并致以衷心感谢！由于编者水平有限，加上编写时间较为仓促，书中难免有疏漏和不当之处，编者们诚挚地希望使用或参考本书的读者提出批评和建议！编者联系方式：453113669@qq.com。

编　者

2021年12月

目　　录

第一章　绪论

1.1　意义和作用

　　"数字电路与逻辑设计实验"简称"数字电路实验"，是高等院校电类及相关工科专业的一门重要学科基础必修课，是一门实践性很强的课程。它是在完成"电路分析基础实验""低频电子线路实验"等课程后开启的一门承上启下的，理论性、技术性和实践性很强的主干核心实验课程，重在"学以致用"，是从理论向实践过渡的必修实验课程。

　　"数字电路实验"的主要内容：组合逻辑电路的分析和设计方法，时序逻辑电路的分析和设计方法，常用中小规模逻辑元器件的功能、特点及使用等。通过本课程各类实验的训练，要求学生掌握数字集成电路等电子元器件、数字电子技术应用方面的知识，掌握数字电子技术的基本测量技术及基本调试方法；并进一步掌握中规模集成电路的功能、参数和基本应用。学生在实验过程中，需要根据要求提前设计硬件电路，并进行仿真，进实验室后构建电路，验证设计方案，最后撰写实验报告。通过理论与实践的有机结合，逐步培养学生理论联系实际、分析问题和独立解决问题的逻辑思辩能力以及一定的电子电路设计能力。

　　"数字电路实验"课程以数字电路与逻辑设计基本理论为基础，以基本技能为桥梁，以培养综合能力、创新素质为目的，其在学科体系中的地位较为重要。

1.2　教学目标

　　本课程为《数字电路与逻辑设计》的配套实验课程，具有很强的灵活性，通过实验教学应使学生掌握基本实验技能，并培养学生实验研究的能力、综合应用知识的能力和创新意识。

　　实验教学分验证性实验、设计性实验、综合性实验和创新性实验：验证性实验的内容主要是对逻辑门的性能参数进行测试，目的在于培养学生对仪器设备的操作使用能力，配合课程教学加深对理论知识的理解；设计性实验的内容主要是常用数字集成电路芯片（译码器、数据选择器、计数器等）的应用设计和测试，目的在于使学生获得对小型数字电路系统的设计能力和独立分析、解决问题的能力；综合设计性实验的内容主要是完成具有一定功能要求的数字电路（交通信号灯、多路智力竞赛抢答器等）的设计和测试，目的在于培养学生学科知识的综合应用能力；创新性实验则力求激发学生的创造性思维，提高学生数字技术方面的创新能力。

教学目标对学生的能力要求如下：

实验不是理论的简单验证和重复，我们期望通过实验"学以致用"，使学生具有一定的数字电路设计、分析能力和相应学科知识的综合应用能力，并具备独立分析和解决问题的逻辑思辩能力。通过本课程实验全部教学内容的学习，要求学生实现以下目标。

课程目标（1）：掌握数字电路实验中常用仪器仪表（实验箱、万用表、信号发生器、示波器等）的基本原理和操作方法；掌握数字电路实验的基本技能和基本调试方法（如测量电压或电流的平均值、有效值、峰值，信号的周期、相位，脉冲信号的波形参数及电子电路的主要技术指标），具备进行科学实验的自学能力、实验调试能力与动手实践能力；能够根据实验方案构建实验电路，独立完成组装和测试，并具有一定的分析、查找和排除电子电路中常见故障的能力；能够安全地开展实验，并正确地采集实验数据。

课程目标（2）：掌握实验数据及误差的分析和处理能力，并养成严谨、求实的科学实验作风；能对数字电路实验结果进行归纳、分析和解释，通过综合分析得到合理有效的实验结论；能够独立写出严谨的、有理论分析的、实事求是的、文理通顺的、字迹端正的实验报告。

课程目标（3）：具有查阅电子元器件手册的能力，熟悉常用 IC（集成电路）芯片的应用电路和应用方法；能够根据实验内容，利用数字电路与逻辑设计的基本知识和分析设计方法，构建数字电路实验方案或设计小系统；掌握计算机仿真软件（如 MultiSim）的使用方法，并将其合理地应用于实际数字逻辑电路的设计、仿真测试。

1.3　实验规则

（1）实验前必须充分预习，完成预习报告。

（2）使用仪器前必须了解其性能、操作方法及注意事项。在使用中应严格遵守相关规定。

（3）实验时接线要认真，仔细检查，确信无误才能通电。初学或没把握时应经指导教师检查后才能通电。

（4）实验时应注意观察，若发现有破坏性异常现象（如元器件冒烟、发烫或有异味），应立即关断电源，保持现场，报告指导教师，找出原因，排除故障并经指导教师同意后才能继续实验。如果发生事故（如元器件或设备损坏）应主动填写事故报告单，并服从处理决定（包括经济赔偿），自觉总结经验，吸取教训。

（5）实验过程中需要改接线时，应先切断电源后才能拆线、接线。

（6）实验过程中应仔细观察实验现象，认真记录实验结果（数据、波形及现象）。必须经指导教师审阅所记录的结果并签字认可后才能拆除实验电路。

（7）实验结束后，必须将仪器关掉，并将工具、导线按规定进行整理，保持桌面干净、整洁，才可离开实验室。

（8）在实验室不可大声喧哗，不可做与实验无关的事。

（9）遵守实验室纪律，不乱拿其他组的东西。不在仪器设备或桌面上乱写乱画，爱护一切公物，保持实验室的整洁。

（10）实验后每个同学按要求写一份实验报告。

（11）凡无故不上实验课或迟到十分钟以上者，以旷课论处，并取消本次做实验的资格。

无故缺课两次或两次以上或者有两次以上实验未通过者，本门课程的最终成绩为零分。

（12）实验（上机）过程中，对违反规章制度、操作规程或不听指导的学生，指导教师有权停止其实验（上机）；对造成事故者、损坏仪器设备者、丢失工具者，均应追究其责任，并严格按《实验室仪器赔偿制度》处理。

1.4　实验前的准备

实验前的准备包括实验预习和实验仪器、器材、工具的配备。

一、实验预习

实验预习是进行知识准备的环节，对做好数字电路实验而言是一项极为重要、必不可少的环节。预习的好坏直接关系到实验能否顺利进行，实验结果是否正确有效。只有根据配套教材对将要做的实验的目的、要求、原理、内容及有关的理论知识都真正做到心中有数，再根据实验要求和实验仪器、器材、工具设计出自己的实验方案，预先画出详细的逻辑图、布线图、必要的表格及有关的波形图和分析判断结果，并拟定好实验方法、步骤，写好预习报告，才能说是做好了预习。

这里尤其强调一下，为保证实验的顺利进行，设计原理图（逻辑图）并仿真通过后还要画出实际的接线图。原理图可以清楚地反映电路的逻辑关系，却不能反映出集成电路芯片等元器件的引脚排列规则和接法，也没有反映出每个门的实际位置，不能直接按图接线，而需要对照集成电路芯片引脚排列图接线。接线图虽然可以用来方便地连接电路，却不能简明地反映电路的逻辑关系，不便于读图、分析电路功能、对照电路分析和检查故障，特别是当电路较复杂时，画一张完整的接线图的工作量很大，容易出错（画错或接错）。因此，逻辑图和接线图都不是理想的实验电路图。实践中，较好的方法是将两者结合，在逻辑图的基础上，加上必要的文字说明及数字标号，使之既反映电路的逻辑关系，又能作为实验时接线的依据。逻辑符号上标明所用元器件的型号和相应的引脚排列序号，当元器件数量较多时还要给元器件加上序号。需要说明的是，实验电路图上没有将集成电路芯片的电源和接地反映出来，实际接线时应注意首先接集成电路芯片的电源线和地线，以免遗漏。当实验所用的集成电路芯片很多时，可利用 EDA 设计软件在计算机上自动布局、布线。

实践证明，预习和不预习，效果（能否顺利完成和收获大小）是大不一样的。预习工作做得越充分，越能加强对实验的理解，减少不必要的实验时间，提高实验效率；否则，不认真做好预习或毫无准备，甚至连本次实验课要做什么实验都不知道，实验时只能边看书边做实验，看一句做一个动作，前面做后面忘。这样不但速度慢，而且做完以后可能连自己也不知道做了些什么。所以，对于没有认真做好预习的同学，不应先做实验，应该待预习好以后再做实验。

二、实验器材、仪器和工具的配备

实验前，应了解本次实验需要什么器材、仪器和工具，并掌握其性能和使用方法，特别是在自行设计实验电路时，一定要按照实验预习要求提供的元器件品种、型号和数量进行合理设计。否则，尽管设计很好，也可能因客观实验条件不具备而无法实现电路。

对于一些大型实验，电路中可能涉及模拟电路的调试，如可变电容、可变电感等，这时还应考虑准备合适口径的一字螺丝刀，以及光电类实验可能要用到的遮光罩等。

1.5　测量的基本内容、基本方法

一、测量的基本内容

对于一个数字电路或系统，其输出和输入之间的关系（逻辑功能）可以用逻辑函数（逻辑表达式）来描述，也可用真值表来说明，还可用波形图来表示。无论用哪一种方法都必须经过测量才能判断其逻辑设计是否正确及电路搭建是否成功。因此，测量的基本内容可分为如下几个方面：

（1）输出、输入信号参数的测量，如测量输出、输入信号的幅度和电平。

（2）输出和输入时间关系的测量，如相位关系、延迟时间、脉冲宽度及占空比等。

（3）工作速度的测量，即对信号的频率或周期的测量。

（4）测量电源电压大小及波动范围，评估外界干扰对电路工作可靠性的影响等。

根据以上测量结果可以判断一个数字逻辑电路（或系统）的输出和输入之间的逻辑关系正确与否。

二、测量的基本方法

数字电路实验的测量方法有静态测量和动态测量两种。

所谓静态测量是指在没有连续信号输入的情况下，人为加入静态固定电平进行的测量。静态测量主要用于研究电路（或系统）所实现的逻辑功能，一般采用单脉冲信号发生器作为输入信号源，利用逻辑电平开关提供输入端所需的高低电平，利用 0/1 显示器指示输出电位高低（或用数码显示器显示结果）。例如，一个多输入端的"与非"门，将各输入端分别接入特定的电平（0/1），测量其输出端电平变化的情况。静态测量可以帮助我们分析门电路逻辑功能是否正确，操作比较简单、方便，缺点是无法判断门电路对输入信号的速度响应能力。

动态测量是将动态变化的连续脉冲信号加入电路的输入端，用示波器观测输出信号与输入信号之间的关系。这样不仅可以判断逻辑关系正确与否，而且可以通过改变输入信号的频率，观察被测电路对输入信号的响应能力，因此动态测量比静态测量得到更广泛的应用。然而，对于任何一个电路（系统），必须通过静态测量和动态测量才能对它有一个全面的了解。

1.6　操作与记录

实验操作是为了得到相关的实验数据；而实验记录是实验过程中获得的第一手资料，所以操作过程要严谨，记录必须清楚、合理、正确。

在进行实验时，应按设计好的实验方法、步骤进行观察、记录，然后将记录的内容与设计方案进行比较、分析，判断结果是否正确。虽然在实验前进行了充分的准备，但往往由于各人实践经验不同，或者实验现场情况及条件的变化、人们认识的局限性等，使实验结果与设计要求之间有出入，甚至出现错误。这种矛盾的产生源自设计或实验方法，这是完全可能的，也是符合实践规律的。产生的矛盾驱使你去认识、分析，找出其原因，从而通过实践提高了认识，这也就达到了实验的目的。从某种意义上讲，在实验时发现的问题越多（说明你原来的实践基础与认识之间差距越大），经分析找出原因而解决了问题后，则你的收获也越大。在通过分析后改进设计或排除了故障，也可使你分析问题和解决问题的能力得到提高。由此可见，在实验时按照科学的方法和严谨的态度进行实验，做好实验现象、参数的记录和分析，这不仅是做好实验的良好习惯，也是综合运用理论知识，培养实验技巧，提高实践能力的重要途径。我们都听过伟大的科学家牛顿根据观察和分析苹果从树上掉在地上的现象和原因，发现了万有引力定律的故事。这个故事对我们很有启发，我们通过对实验现象的观察、记录和分析，也应有所发现，有所提高，甚至也可有所发明和创造。下面将进行实验时应做的几项工作简单介绍，仅供参考。

（1）在进行数字电路实验时，首先应记录下你的实验环境和条件，如实验日期、地点、气候，你所用的仪器设备的名称、型号，一起参与实验的人员等。这些看起来好像无关紧要，但对你回顾、分析实验时可能是有益的。

（2）操作之前要认真听实验指导教师讲课，尤其要注意指导教师提出的操作要点和注意事项，以防损坏设备或发生人身安全事故。

（3）选取预习时已经确定好的电路元器件，并对其好坏进行判断。

（4）实验操作规范和准备的接线图连接电路，正确使用相关设备。连接完毕后检查其与接线图是否完全一致，对于不清楚的地方应向指导教师虚心请教。

（5）将已调节好的电源打开，粗测电路是否正常，排除出现的故障。

（6）逐次测量并记录电路相关参数和波形，并记录实验中出现的现象，作为原始的实验数据。从记录中应能初步判断实验结果的正确性。如果所测量的数据和波形与理论分析值一致，说明实验结果正确；否则应该找出原因并调整电路，重新测量。

（7）记录波形时，应注意输入、输出波形的时间对应关系；还应记录实验中实际使用的仪器型号和编号及元器件使用情况。

（8）对于复杂的电路，可以先对电路进行分级调试，然后再将各级电路级联起来进行系统测试。

在实验过程中，应严格按照科学的方法进行实验，注意观察实验过程中所产生的各种现象和结果并做好记录，以利于对故障的分析和排除，在实验过程中若遇到出错现象，首先要验证实验本身的有效性。通常对于一些固定性故障（硬故障），如元器件损坏、少接了连线或布线有错等，只需要重复实验多次，其出错现象将会重复出现。而对于那些随机性故障，即出错现象不重复出现，实验结果时好时坏，这多半是由于接触不良、电源电压不稳或受到环境干扰而引起的软故障。对于前者，根据实验现象仔细检查、分析，不难排除；对于后者，则必须记录各种实验现象，经多次重复操作，记录出现故障的频率及当时的实验环境（指相邻逻辑电路状态、电源电压情况及信号时序关系等），以便排错时作为分析依据。

排除故障后，还必须记录下排除方法或经修改后的设计方案或实验环境安排等，这样有利于以后总结、丰富实践经验。

实验中，除了记录实验现象，还应对结果数据、波形等进行真实、有效的记录，以便分析判断实验结果正确与否。

1.7　实验报告

实验结束后学生应撰写出合格的实验报告，实验报告是实验后的书面总结，它是一项重要的基本功训练，是培养学生科学实验的总结能力和分析思维能力的有效手段，是培养科学的实验态度和严谨的工作作风的重要环节。撰写实验报告本身也是一个从理论到实践、再从实践到理论的认识、总结和提高的过程。因此，做完实验后，应马上按要求撰写出合格的实验报告。

所谓合格的实验报告，就是按一定的规范和要求撰写出的实验报告。实验报告是一份技术总结，要求撰写在规定的报告纸上，文字简洁，内容清楚，图表工整。实验报告的主要内容应有：实验名称，实验者的班级、姓名，实验日期，所在实验组和同组实验者姓名，实验目的，所用仪器、仪表、元器件的名称及型号，实验电路图，实验内容、步骤，实验结果的分析、讨论，故障的分析与排除过程，对思考题的回答，以及收获和改进意见等。其中，实验内容、步骤及实验结果的分析、讨论是报告的主要部分，它应涵盖实际完成的全部实验任务，并且按实验顺序逐个书写，对每个实验任务的叙述应有如下内容：

（1）实验课题的方框图、逻辑图或（测试电路）状态图、真值表及文字说明等，对于设计性课题，还应有整个设计过程和关键的设计技巧说明。

（2）实验记录和经过整理的数据、表格、曲线图和波形图，其中表格、曲线图和波形图应充分利用专用实验报告简易坐标格，并且用三角板、曲线板、直尺等工具描绘，力求画得准确，不得随手示意画出。波形的绘制要使用坐标纸，循环反复的波形至少要画出三个完整的周期等。

（3）实验结果的分析、讨论及实验结论。对讨论的范围没有严格要求，一般应对重要的实验现象、结论加以讨论，以使学生进一步加深对实验的理解，此外，对实验中的异常现象，可进行简要说明，另外，对于实验中有何收获，可谈一些心得体会。

1.8　如何做好实验

那么，如何才能做好数字电路实验呢？

一、掌握正确的实验方法

1. 掌握实验课的学习规律

实验课以学生独立自主操作为主，每个实验都要经历预习、实验和总结三个阶段，学生在这三个阶段积极主动参与的程度将决定此次实验收获的大小。

2. 应用已学理论知识指导实验的进行

首先，要从理论上来研究实验电路的工作原理与特性，再制定实验方案。在调试电路时，也要用理论来分析实验现象，从而确定调试措施。切忌盲目调试，因为盲目调试虽然有时也能获得正确结果，但对调试电路能力的提高没有丝毫帮助，对实验结果的正确与否及与理论的差异也应从理论的高度来进行分析。

3. 注意实际知识与经验的积累

实际知识和经验需要靠长期积累才能丰富起来。在实验过程中，对于所用的仪器与元器件，要记住型号、规格和使用方法；对于实验中出现的各种现象与故障，要记住它们的特征。对实验中的经验教训，要进行总结。为此，可准备一本"实验知识与经验记录本"，及时记录与总结。这不仅对当前有用，而且可供将来查阅。

4. 增强自觉提高实际操作能力的意识

要将实际操作能力的培养从被动变为主动。在学习过程中，要有意识地、主动地培养自己的实际工作能力，不应依赖教师的指导，而应力求独立解决实验中的各种问题。要不怕困难与失败，从某种意义上来说，困难与失败正是提高自己实际工作能力的良机。

二、做好数字电路实验的三个环节

综上所述，要做好数字电路实验，必须把握住如下三个环节：

（1）实验前，按照每个实验的具体要求，认真做好预习和准备，写好预习报告。

（2）在实验过程中，严格按照科学的方法进行实验。注意观察和分析实验过程中的各种现象和结果，并做好记录。

（3）实验结束后，认真做好总结，撰写出合格的实验报告。

实践证明，这三个环节是做好实验的关键。抓住这些关键可收到事半功倍的效果。希望同学们能够认真对待。

1.9　预习要求和实验报告撰写要求

一、预习要求

实验前应阅读实验指导书的有关内容并做好预习报告，预习报告包括以下内容：

（1）认真阅读理论教材和实验教材，深入了解实验目的，结合实验教材中给出的实验内容，复习与内容相关的基本原理，写出实验目的、实验原理及实验内容。

（2）根据实验内容，查阅相关电子元器件手册，画出实验电路中集成型元器件的引脚图及真值表。

（3）根据实验原理，利用数字电路与逻辑设计的基本知识和分析设计方法，设计出实验电路的逻辑图，对于较复杂的电路可以先设计出框图再细化。参考教材中给出的实验器材和注意事项，有助于更快更好地完成设计。

（4）对设计出的电路进行逻辑关系的推导和输出波形等的理论分析，确保其符合实验要求，并将估算的理论数据或结论等记录下来，以跟实验结果进行比较。

（5）用仿真软件（如 MultiSim）对所设计的实验电路进行仿真测试，若验证正确则打印出来作为预习报告的一部分。

（6）根据最终确定的逻辑图画出接线图，并确定需要使用的元器件。在图上标出元器件型号、使用的引脚号及元器件规格数值，必要时还需要用文字说明。

（7）按照实验要求拟定实验方法和具体步骤，拟好记录实验数据的表格和波形坐标系，实验记录应能体现实验结果的正确与否。

（8）画好实验中所要填写的表格。

（9）确定需要使用的仪器设备并掌握有关仪器的主要性能和使用方法，对如何着手做实验做到心中有数、目的明确。

（10）回答预习思考题。

二、实验报告撰写要求

实验结束后，学生要根据实验内容及具体要求，在规定的时间内独立进行实验总结并撰写实验报告。实验报告是一份技术总结，它能培养学生对科学实验的总结能力。撰写实验报告也是一项重要的基本功训练，它能很好地巩固实验成果，加深同学们对基本理论的认识和理解。实验报告应做到内容完整，简单明了，计算分析严密，测试数据及误差处理正确，具体应包含如下各项：

（1）简单写明实验目的、实验内容、实验步骤和实验器材，画出实验的原理图（或接线图），对于设计性实验，还应附有设计过程和关键的设计技巧说明（预习报告已写的话，可以不再重写）。

（2）原始记录：包括实验电路、实验数据、波形、故障及其解决方法，有时还应酌情说明实验中发现的现象及所用仪器设备等，这些记录要秉承严谨的科学作风，实事求是，不做任何修改。原始记录必须由指导教师签字确认，否则无效。

（3）实验结果分析：对原始记录进行必要的分析、整理、讨论并得出结论。整理后的数据是对原始数据进行分析、运算后得出的数据、曲线和波形，其中曲线和波形要力求画得准确，如果分析结果与理论估算结果不符，要认真讨论原因，分析误差产生原因和实验故障产生原因。

（4）实验总结：这也是实验报告最重要的部分。实验总结一般应对重要的实验现象、结论加以讨论，包括实验中对所设计电路参数进行修改的原因、分析，对测试技巧、方法的总结，实验中所获得的经验，或可以引以为戒的教训等，以便让学生对实验进一步加深理解。对于实验中出现的异常现象或故障，在实验总结中也应加以简要说明和具体分析。实验总结中还要回答有关的实验思考题，简述实验中的收获和心得体会。

我们期望同学们能对数字电路实验结果进行归纳、分析和解释，通过综合分析得到合理、有效的实验结论；能够独立写出严谨的、有理论分析的、实事求是的、文理通顺的、字迹端正的实验报告，从而养成严谨、求实的科学实验作风。

注：①验证性实验的预习报告在做实验前要交给指导教师审阅。

②设计性实验的预习报告在做实验前三天交给指导教师审阅，经批改和修改后，学生方可进入实验室。

③实验报告在实验完成后要交给指导教师批阅。

1.10　实验室的安全操作规程

为保证人身与设备安全，保证实验教学工作严谨、科学、文明、有序地进行，进入实验室后要严格遵守实验室的相关安全规定。

一、人身安全

实验室中常见的危及人身安全的事故是触电，为避免事故的发生，进入实验室后应遵守以下规则。

（1）实验时不允许赤脚，各种仪器设备应有良好的接地。

（2）设备中通过强电的连接导线应有良好的绝缘外套，芯线不得外露。

（3）实验者在接通或断开 220V 交流电源时，最好用一只手操作。拔电源插头时应用手抓住插头而不要抓住导线，以免导线被扯断发生触电或短路事故。

（4）若发生触电事故，首先应迅速切断电源，使触电者立即脱离电源并采取必要的急救措施。

二、仪器、设备安全

（1）使用仪器前应认真阅读使用说明书，掌握仪器的使用方法和注意事项。

（2）实验中要有目的地操作仪器面板上的开关或旋钮，禁止盲目拨弄开关，切忌用力过猛。

（3）实验过程中要特别注意异常现象的发生。若嗅到焦臭味，见到冒烟和火花，听到"劈啪"的响声，感到设备或元器件过热，电源指示灯异常熄灭及熔断器熔断等，应立即切断电源，并及时报告实验指导教师。在查明原因、排除故障后，才能继续进行实验。如发生损坏仪器设备事故，应主动向指导教师汇报。

（4）搬动仪器设备时，必须轻拿轻放；未经允许不得随意调换仪器，更不得擅自拆卸仪器设备。

（5）仪器使用完毕，应将面板上各旋钮、开关置于合适的位置，如将数字万用表功能开关旋至 OFF 挡、将指针式万用表挡位开关置于交流电压最大挡，实验完毕应切断电源。

（6）为保证元器件及仪器安全，应在电路连接完成并检查完毕后，再接通电源及信号源。

第二章　数字电路实验的实验方法

2.1　实验基本技能

数字逻辑电路是一个二元系统，具有"逻辑判断"功能，其输入和输出信号是数字量0或1，且只有这两种状态，实验过程中我们常常遇到逻辑电平异常导致逻辑错误的故障。为保证实验的顺利完成，减少低级错误的发生，实验开始前做一些前期准备工作还是很有必要的，"磨刀不误砍柴工"，因此，我们要求同学们进实验室后，开始实验前要做"开门三件事"：

（1）检查集成电路芯片引脚是否倒插。

（2）检查万用表工作状况是否正常。

（3）检查实验导线通断状况。

一、检查集成电路芯片引脚是否倒插

对于常用的 TTL 系列数字集成电路芯片来说，左上引脚往往为电源引脚，右下引脚往往为接地引脚（但并不是绝对的，如 16 引脚的双 JK 触发器 74LS76 就不是这样）。这里强调：电源引脚和接地引脚绝对不能接错，否则会烧毁集成电路芯片，甚至引起集成电路芯片爆裂导致对实验者的人身伤害。

实验时，集成电路芯片一般已经插在专用芯片座上。但在实验过程中，仍有个别不负责任的同学随意甚至恶意插拔集成电路芯片，造成引脚倒插的异常现象。因此，每次实验使用集成电路芯片前，依然必须认真检查其引脚是否出现倒插的异常，确认电源、接地、输入、输出等引脚的引脚号，以免因错接而损坏集成电路芯片，甚至造成对实验者的人身伤害。集成电路芯片引脚排列的一般规律如下：

（1）圆形集成电路芯片：面向集成电路芯片背面（有标注信息或引脚弯离的一面），从定位标识开始，沿顺时针方向，引脚编号依次为1、2、3…圆形集成电路芯片多用于模拟集成电路中。

（2）扁平形和双列直插式集成电路芯片：识别时，将集成电路芯片正放（集成电路芯片上一般有一圆点或缺口，将缺口或圆点置于左方即为集成电路芯片正放），俯视集成电路芯片背面，从左下引脚起，沿逆时针方向，引脚编号依次为1、2、3…如图 2.1.1 所示。扁平形集成电路芯片多用于数字电路。双列直插式集成电路芯片广泛应用于模拟和数字电路，其引脚数有 14、16、20、24、28 等若干种规格。

（3）双列直插式集成电路芯片有两列引脚。相邻引脚之间的间距是 2.54mm。两列引脚之间的距离有宽（15.24mm）和窄（7.62mm）两种，该距离允许有少量偏差，但相邻引脚之间的间距不能改变。将集成电路芯片插入实验台上的芯片座或者从芯片座拔出时均要小心，不要弯曲或折断集成电路芯片引脚。

（4）74 系列集成电路芯片右下角的最后一个引脚一般是 GND，左上角的引脚一般是 VCC。例如，14 引脚集成电路芯片中，引脚 7 一般是 GND，引脚 14 一般是 VCC；20 引脚集成电路芯片中，引脚 10 一般是 GND，引脚 20 一般是 VCC。

但也有一些例外，例如，16 引脚的双 JK 触发器 74LS76 中，引脚 13（不是引脚 8）是 GND，引脚 5（不是引脚 16）是 VCC。所以，使用集成电路芯片时，要先看清它的引脚图，找对电源引脚和接地引脚，避免因接线错误造成集成电路芯片损坏。为确保这一点，每次实验前的预习都有一项重要工作，就是查阅元器件手册，确认实验使用集成电路芯片的引脚及真值表。

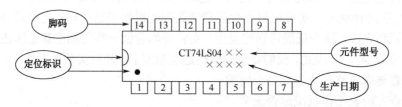

图 2.1.1　扁平形和双列直插式集成电路芯片的引脚排列

注意：不能带电插拔集成电路芯片。插拔集成电路芯片只能在关断+5V 电源的情况下进行。

二、检查万用表工作状况是否正常

实验中一旦出现逻辑电平异常导致逻辑错误的故障，这时万用表就是我们最好的工具，因此要通过以下方式确认其工作状况是否正常。

（1）检查万用表是否电力充足，若不足会导致测量误差。

方法一：看表头显示文字的颜色深浅（颜色浅表示电力不足）。

方法二：看表头是否显示电池符号（若显示电池符号表示电力不足）。

（2）检查万用表表棒，确认是否有开路现象。

方法：选择万用表欧姆挡或蜂鸣挡（二极管挡）后将两表棒短接。

（3）合理选择万用表功能挡和量程。

测量时先粗测，然后选择合适量程细测，以提高测量精度（从满度相对误差和万用表超量程能力两个角度理解精度的相关知识，可以深刻体会相关理论和实践原则的完美统一）。

注意：

（1）电流方向：（数字万用表）红表棒流出，黑表棒流入；

　　　　　　　　（模拟万用表）黑表棒流出，红表棒流入。

（2）尽量不直接测量电流，而是采用伏安法测量电流，以提高测量精度。

（3）实验结束后，应关闭万用表电源。

三、检查实验导线通断状况

实验中大多数逻辑错误故障的产生是由于导线接触不良造成的。对于专业基础实验室来说，每学期的教学班次数以百计，个别同学的不良实验习惯（如粗暴拆线等）极易导致导线出现难以预料的异常。因此，每次实验前都必须认真检查实验导线通断状况，剔除异常导线。

1. 用万用表检查（传统方式）

选择万用表欧姆挡或蜂鸣挡（二极管挡）后，用两表棒连接待查导线，这样检查效率低。

2. 用实验箱检查（高效、快捷）

使用实验箱上的逻辑电平开关结合 LED 指示灯检查导线通断，这种方式高效、快捷，效率大大高过传统方式。

2.2　电路布线的原则、方法和技巧

实践证明，在实验箱上进行实验时，大部分故障现象是由于布线错误或接触不良等原因造成的。为了减少故障，提高实验效率，下面介绍一下布线原则、方法和技巧。这些都是在实践中行之有效的一些经验总结，仅供参考。经过后来者的不断实践，还可以将这些经验的总结进一步丰富和提高。

一、布线原则

1. 确保良好的电气特性

众所周知，在数字逻辑电路中，由于传输的信号都是具有陡峭边沿的脉冲信号，噪声耦合对电路的影响很明显，有时往往一个较小的噪声脉冲都可以引起触发器的翻转，而造成整个逻辑功能的误动作。因此，为了使电路系统工作稳定、可靠，必须有效地把噪声的影响减到最小。从布线角度考虑，减小噪声影响的原则如下。

（1）单根导线尽可能短，其长度尽量不要超过 30cm，走线越长，越应紧贴地线布线。在高速数字电路系统中，延长 20cm 的导线可使脉冲信号产生 1ns 的边沿失真。

（2）尽量减小两根脉冲信号导线的平行长度，若不能避免，中间可插一根地线（两头接地）或采用双绞线。

（3）电源要去耦，去除干扰。电源进入实验板的入口处必须接旁路电容去耦。旁路电容的电容量可为几十微法，最好再并联一只零点零几微法的电容，以将电源的高次谐波进行旁路处理，每一排集成电路芯片最好都加上旁路电容。所加旁路电容与集成电路芯片电源引脚尽可能靠近，特别是在大电流电路中，如导线的驱动门和接收门等，去耦尤为重要（专业实验箱在设计时已经考虑了电源去耦问题，这也是鉴别实验箱优劣的要点之一）。

（4）合理布置地线。地线就是电路的公共参考点，如何布置地线是个十分重要的问题。它直接影响到电路的工作性能。尤其在既有模拟信号又有数字信号，既有强信号又有弱信号的电路中，地线的布置是一个相当复杂的技术问题。很多情况下，要通过实验才能确定正确合理的接地点。这个问题在一般小型数字电路实验中虽不突出，但在小型数字电路实验中也要合理布置地线。一般应一点接地，电流很强时，地线应粗一些。在既有模拟信号又有数字信号的电路中，应将数字部分的地线和模拟部分的地线连在一起。在强、弱信号兼有的电路中，输入信号地线与输入级的地线直接相连，而不要接输出级的地端。

（5）当信号频率较高、信号强度又较弱时，要加屏蔽，以防止干扰。

2．确保良好的电气接触

在专业实验箱上做实验，组件与组件、组件与其他元器件之间是通过导线连接的。因此，导线与插孔之间的可靠接触便成为极其重要的问题。为确保良好的电气接触，通常应注意如下几点。

（1）选择粗细适当的导线。太细会使接触不良；太粗将影响插孔与导线的连接。导线的粗细宜采用同一规格，且每次插好后应检查接触是否紧密（轻拉一下即可判断）。

（2）导线插入插孔要有一定的深度，插入太浅会造成接触不良。

3．整齐美观，清晰可靠，便于检查

布线应尽量整齐美观、清晰可靠，以便布好线后便于检查故障和更换元器件。最好在开始布线前设计布线图，再按布线图进行布线。布线应尽量保持横平竖直，将不在同一水平线或垂直线上的连线弯成直角。另外，导线不能从元器件上方跨越，只能在组件或元器件之间通过。布线时应尽量不覆盖不用的插孔，而且应尽量贴近实验板的表面。

若连线较多，则可采取以下措施。

（1）用不同颜色的导线分别表示不同的信号走线。

（2）按层次布线。所谓按层次布线指当交叉、重叠的导线较多时，根据底层、中间层及顶层的位置不同，把最不容易改变走向的导线（如电源线、地线等）放在底层，中间层可布放数据线或连接元器件的导线，而顶层则布放各种控制线。分层的目的是便于检查，而美观的布线则给人以舒适感，有助于实验人员整理思路，加快实验进度。因此，在布线时应力求美观整洁。

二、布线方法

1．杂布法

所谓杂布法是当元器件安装好后，不考虑美观、整洁的原则，依据逻辑图直接以最短的连线方式将相关元器件连起来（直接连接）。这种方法的优点在于布线的速度快、电气特性好（噪声干扰小，这是由于导线短、平行导线少，杂散电容小的原因）；其缺点是走线繁乱，不易检查，一旦出错，很难检测。因此，这种方法只适用于如下两种场合：

（1）实验规模较小，所涉及元器件不多，相互之间的连线也不多。

（2）对某个设计进行验证性实验，当然实验规模也不可太大。为了快速证实实验方案的可行性，亦可采用此法。

必须指出，在任何情况下都要保证每根导线的接触可靠性及逻辑上的正确性，尽量减少出错。

2. 规则布线法

所谓规则布线法是依上述布线原则布线，不能任意布线。这种方法的优点是布线规整，能给人以舒适感，便于查错，缺点是费工费时，由于布线空间减小，都集中在元器件或组件之间的间隙中，这就将不可避免地使一些信号的走向相互平行，并延长了导线的长度，增加了信号失真的概率，因此，对不同信号线（如传输窄脉冲等）要设计不同的走线路径。尽管如此，对于较大规模的实验，由于导线较多，通常都采用规则布线法。

三、布线技巧

在数字电路实验中，由错误布线引起的故障较为常见。布线错误不仅会引起电路故障，有时甚至会损坏元器件。因此，布线要注意如下事项。

（1）禁止带电布线，避免浪涌电压和浪涌电流击穿元器件。

（2）为了便于布线和检查故障，所有的集成电路芯片最好以同一方向插入。不要为了缩短导线长度而把集成电路芯片倒插或反插。

（3）由于集成电路芯片经反复使用后，引脚可能有弯曲，导致其方向及间距和实验板插孔不对应，即便是新的集成电路芯片也可能如此。因此，在插入集成电路芯片前必须先用镊子对引脚进行整形，使引脚间距正好与插孔间距一致（0.3 英寸）。拆卸集成电路芯片时应使用专用起拔工具，比较简单的工具有 U 形夹和专用的小改锥。用小改锥对撬或用 U 形夹夹住集成电路芯片的两头，均匀用力，垂直向上拔即可将其拔出来。切忌用手直接拔集成电路芯片，因为一般集成电路芯片在实验板上都插得很紧，如果用手直接拔不但很费力，而且易把引脚弄弯，损坏集成电路芯片，甚至戳伤手指。

（4）为了布线整齐美观和便于检查更换，使线路可靠，尽可能采用不同颜色的导线。建议地线用黑色导线，电源线用红色导线，数据线用白色导线或其他单色线，控制线可用双色导线，总线必须采用同一颜色的导线。布线的次序通常是先布电源线及地线，再布固定使用的规则线（如某些组件规定接地或接高电平的引脚连接的导线及某些触发各时钟端的导线），再布数据输入/输导和各种信息的控制线。

（5）集成电路芯片数据输入端的高低电平由实验箱上的数据开关提供，不要用电源及电源地提供。

（6）每个接线柱接线不宜太多，以不超过 4 根为宜。

（7）线头朝上，便于教师检查（初始态）。

（8）"进位位"置于高位（左高右低）。

（9）若实验规模较大，可将电路按逻辑功能分成若干块，逐块布线，这样便于测试检查。

总之，布线是一项需要耐心的细致工作，布线时务必认真，注意力要高度集中，每布完一根导线或一部分导线，必须进行检查，以确保其接触良好、逻辑正确，不能等全都布好后再一起检查，以便及时发现和排除故障。检查时，可先目测一下有无漏接和接错之处，再用逻辑笔或万用表直接测量相连引脚之间是否接触良好。最好能互相检查或请另一个与布线无关的人员进行认真检查，因为与布线工作无关的人员发现错误的概率往往要比参加具体工作的人发现错误的概率要大，俗话说"旁观者清"就是这个道理。一般来讲，对于数字逻辑电路，若设计精确，元器件性能合格，一次成功的概率也是不小的。当然，无论怎样严格检查，错误也在所难免，但仔细检查可以大大减少错误的发生。如果学生以马虎的态度对待实验，甚至有可能损坏元器件，或者浪费较多的时间在查错上，导致马虎操作加查错（甚至推倒重来）的时间远多于认真操作加查错的时间，欲速则不达，这就是实验中的辩证法，每个具有一定实践经验的人都可深深体会到这一点。

2.3　调测步骤

一、安装布线及测试设备的检查

在安装数字逻辑电路和进行布线时禁止带电操作，也就是说，在安装、布线时不允许打开电源。因为当接错导线时（如电路输出端碰到电源），可能立即损坏元器件而你还不知道，所以只有当安装、布线完毕，并经检查无误后方可打开电源进行实验，这是实验时应遵守的基本操作规程。

通常，安装好电路以后先不要急于通电调试、测量，复查一遍布线是完全必要的。先目测元器件安装是否正确，走线是否有错漏，集成电路芯片是否插错，特别是电源线和地线有无连错等。再用逻辑笔或万用表检查各集成电路芯片的引脚，看看电源线和地线是否接好，电压大小是否对，有无短路或断路现象；控制信号是否连通，输入/输出通路是否正常，异步清零置1端及预置数是否已按逻辑要求设置好；闲置的输入端是否已妥善处理；电解电容极性、二极管和三极管引脚连接是否正确等。在此必须指出，在安装电路之前，首先应对所选用元器件进行检测，以免因元器件不正常而增加调试的困难。

另外，对测试设备进行一些简单检查也是必要的，如检查示波器探头、逻辑笔、万用表表棒、输入信号源和输出显示设备等是否正常，这一点往往易被忽略，测试设备的故障往往造成调试工作中时间的浪费。

二、单元电路调测

任何数字逻辑电路，不论其电路如何复杂、规模多大，都可分解成若干部件和许多相对独立的、较为简单的单元电路。调测时，一般先调测单元电路及由单元电路组成的部件，后调测整体，先进行静态测试，后进行动态测试。

三、系统调测

在确认单元电路和部件工作正常后，再按信号流向（从输入到输出）对整个电路进行调试和测量。观测各单元电路之间接口电路工作情况、负载匹配情况、单元电路之间相互影响的程度、电路整体逻辑功能是否正确，以及电路整体的抗干扰情况、负载能力和功耗等，只有通过系统联调和整机测试，才能对数字逻辑电路系统的设计、安装工艺及功能等性能指标做出最后的评价。

2.4 故障现象的检测、分析与排除方法

一、实验故障现象的分析

在进行数字电路实验时，当被调试的电路或系统的输出响应失常或不能完成预定的逻辑功能时，我们称电路或系统有故障，造成实验故障的原因是多方面的，有些故障是因为操作不当（如布线错误），有些故障是由于设计不当，即实验电路本身固有的缺陷，有些故障则是由于元器件使用不当等。我们可将这些故障来源分为以下两种情况。

1. 设计性错误

设计性错误指原设计有错或不合理，通常指的是：

（1）电路逻辑功能设计有误。

（2）集成电路芯片等元器件电气参数设置不当，如负载能力、工作速度不够，各控制端时序波形参数不协调等，造成电路中各元器件之间在时序配合上的错误，如触发器的触发边沿选择及电平选择不当、电路延迟时间配合不上、时钟信号所处状态不符合某些元器件的控制信号变化的要求等。

（3）信号极性有误。

（4）地线布置不当，电源去耦欠佳或布线设计不尽合理，导线过长而引起干扰（指串扰及反射现象等）。

（5）组合逻辑电路竞争冒险现象、毛刺干扰等。

设计错误自然会造成实验结果与预想的结果不一致，究其原因就是实验者对实验要求没有吃透，或者对所用元器件的原理没有掌握。因此实验前，实验者一定要理解实验要求，掌握实验线路原理，精心设计。初始设计完成后一般应对设计进行优化，最后画好逻辑图和接线图。

2. 实验性错误

（1）布线错误（如导线错接、漏接、断路、短路）或接触不良。接线错误是最常见的错误。据统计，在实验教学中，大约65%以上的故障是由接线错误引起的。常见的接线错误包

括忘记接元器件的电源和地；导线与插孔接触不良；导线经多次使用后，外面塑料包皮有可能完好，但芯线已断；导线多接、漏接、错接；导线过长、过乱造成干扰等。接线错误造成的现象多种多样，如元器件的某个功能块不工作或工作不正常，元器件不工作或发热，部分电路工作状态不稳定等。要避免这些问题，首先应熟悉所用元器件的功能及其引脚排列，掌握元器件每个引脚的功能；其次要在实验中接好元器件的电源和地；检查导线和插孔接触是否良好；检查导线有无错接、多接、漏接，检查导线中有无断线。最重要的是接线前要画出接线图，按图接线，不要凭记忆随想随接，接线要规范整齐，尽量走直线、短线，以免引起干扰。

（2）实验箱等实验设备工作不正常，如实验信号源或电压源输出的信号不正常，实验箱的逻辑电平输出异常，实验板不正常（如插孔簧片弹性变差、松动，元器件或连线插接接触不良甚至开路）等。

（3）元器件故障，指元器件失效或元器件使用不当引起的故障，此时一般需要更换元器件。元器件使用不当，如某个（或某些）引脚没插到插座中，也会使元器件工作不正常。元器件使用问题有时不易发现，需要仔细检查，如电解电容极性接反，二极管、三极管引脚颠倒，元器件本身功能失效等。

（4）集成电路芯片工作不正常。这类故障的特点是电路工作时，集成电路芯片烫手，或集成电路芯片电源端的电压近似为零，或集成电路芯片输入端的逻辑电平正常而输出却没有达到规定的逻辑电平。通过观察集成电路芯片是否插倒、插错或个别引脚未插入，用手触摸，观察电源指示，输入规定逻辑信号进行测试，可以发现故障点或可疑点。

在外围电路连接无误的情况下，可用经检查合格的集成电路芯片进行替换。若替换可疑集成电路芯片后电路工作恢复正常，则可确定可疑集成电路芯片功能损坏。若集成电路芯片烫手，则往往是电源故障，需要先行排除电源故障后再检测功能。由于集成电路芯片的引脚折断或折弯而未能插入实验板引起的故障往往体现为集成电路芯片的逻辑功能不能实现，这种故障需要仔细查找才能找到。

判断集成电路芯片是否失效还可以用集成电路测试仪测试。需要指出的是，一般的集成电路测试仪只能检测集成电路芯片的某些静态特性。对负载能力等静态特性和上升沿、下降沿、延迟时间等动态特性，一般的集成电路测试仪不能测试，必须使用专门的集成电路测试仪。此外，带电插拔导线可能导致浪涌电压或电流击穿集成电路芯片。

（5）不允许集成电路芯片未使用的输入端悬空（不连接任何接线端）。初学者往往会忽略集成电路芯片未使用的输入端而使其悬空，这种情况在电路较复杂时很常见。对于 TTL 电路，输入端悬空等效于接高电平，但易引入较大干扰，若控制输入端悬空，引入的干扰则可能引起误动作；对于 CMOS 电路，输入端不允许悬空。实验时，应对照集成电路芯片的引脚排列图仔细核对，看是否每一个输入端都正确处理了。若有未使用的输入端，应根据具体功能将其接固定高/低电平。

（6）电源故障，指集成电路芯片因电压供给不正常产生的故障。由于 74 系列 TTL 电路对电源电压要求较为苛刻，为 $5\pm0.25V$，而在实验板上接线会因接触电阻较大而使 5V 电源输出电压降低，使集成电路芯片工作不正常。此外，电源电压极性接反，电源未接通，公共地线未连在一起等也都是常见错误。

（7）断路故障，指电路中的电气节点（包括信号线、传输线、测试线、连接点）断路产生的故障。在实验板上搭接电路，经长期使用的金属弹性簧片可能失去弹性，而双列直插式集成电路芯片的引脚较细，因而产生接触不良现象，由此产生的故障率是最高的。另外也可能在安装中因断线、漏线、插错孔位引起此类故障。

这类故障产生的现象一般为相关点的电平不正常，可用万用表、逻辑笔或示波器（配合测试信号）从源头沿一定路径逐段查找，找出信号异常的节点。若是接触不良，故障的表现为信号时有时无，带有一定的偶发性。减少这类故障的办法是尽量在安装中保证每一根导线接触良好（实验前测试导线通断状况很有必要）、集成电路芯片平稳牢固地安装，以及采用优质实验板。

（8）短路故障，指电路中的电气节点短路造成电路出现异常现象。如电源正极与地线短路会造成电源电压为零（或电源指示灯异常熄灭等），局部逻辑线混连会导致电路逻辑功能混乱。常见的原因：安装中的桥接故障，即相近导线连在一起造成短路；另外，插错孔位也是一大原因。

（9）有时测试方法不正确，测量手段或观察方法不妥，也会引起观测错误。例如，对于一个稳定的波形，如果用示波器观测，而示波器没有同步，就会造成波形不稳的假象，因此要学会正确使用仪器和仪表。在数字电路实验中，尤其要学会正确使用示波器。在测试数字电路时，由于测试仪器仪表要加载到被测电路上，这对被测电路来说相当于一个负载，因此也有可能引起电路本身工作状态的改变，这点应引起足够重视。不过，在数字电路实验中，这种现象很少发生。

二、故障的排除

只要设计正确，元器件合格，实验前准备充分，实验时操作细心，就可将故障率减少到最低限度。特别是对于一些简单的基本实验，一次成功的概率也是不小的。当然，这与实验者本人的分析和思考能力、实践经验、实验技能及对基本理论的熟悉程度等有关。对于初学者而言，我们要注意以下几点。

1. 正确、细心地使用集成电路芯片

使用集成电路芯片前应使其引脚间距适当；插入芯片座时应使各集成电路芯片的正方向一致，拔出时，必须用专用工具（U形夹）夹住其两头，垂直往上拔起，或用小起子对撬，以免受力不均，使引脚弯曲或断裂。

2. 正确、合理地布线

在数字电路实验中，由错误布线引起的故障占很大比例。布线错误不仅会引起电路故障，有时甚至会损坏元器件。

布线原则：应便于检查、排除故障和更换元器件

布线顺序：通常是先接地线和电源线（最好用不同颜色的线加以区分），再接输入线、输出线及控制线。

3. 认真、仔细地复查

接好全部导线后，对照标有引脚号的逻辑图仔细地复查一遍。检查集成电路芯片正方向是否插对，是否有漏线和错线，是否有两个以上的输入或输出端错误地连在一起（此时实验箱会出现异常报警）。

在进行实验的过程中，完全不出故障是比较少见的，特别是对于一些规模较大、比较复杂的实验，出现故障的概率可能更高，为此，下面介绍一下检测故障的方法。

故障的分析和检测过程实际上也是电路调试过程。因此，前述关于数字电路实验的测量方法和调试步骤也适于数字电路的故障检测。当实验中发现结果与预期不一致时，千万不要慌乱，应仔细观测现象，冷静思考问题所在。

一般按照如下流程检测电路：

（1）检查仪器仪表的使用是否正确。检查集成电路芯片方向是否插对。

（2）检查电路系统是否正确上电。用万用表的欧姆挡测量实验电路的电源与地线端之间的电阻值，排除电源与地线的开路与短路现象后再上电。

（3）使用万用表测量直流稳压电源输出电压是否为所需值（如+5V），然后接通电路电源，观察电路及各元器件有无异常发热等现象。

（4）检查集成电路芯片的连接。首先检查各集成电路芯片是否加载了电源、接地和输入信号。可靠的检查方法是用万用表直接测量各集成电路芯片的 VCC 和 GND 两引脚之间的电压，这种方法可以检查出因实验板、集成电路芯片引脚或连线等原因造成的故障。检查输入信号、时钟信号等是否加到实验电路上，观察输出端有无反应等。这种方法也就是静态（或单步工作）测量法，使电路处于某一输入状态下，检查电路的输出是否符合要求，并用真值表检查电路是否全部功能正常。

（5）检查集成电路芯片与其他电路的连接是否正确，有无未处理的闲置输入端，特别是控制输入端和 CMOS 的输入端。确认接线无误后，检查元器件引脚是否全部正确插进插孔中，有无引脚折断、弯曲和错插问题。确认无上述问题后，取下元器件，测试其好坏。

（6）认真、仔细地检查接线，包括电源线与地线在内的连线是否存在漏接与错接，是否有两个以上输出端错误地连在一起等。在正确使用仪器仪表的前提下，按逻辑图和接线图逐级查找问题所在。通常从出现问题的地方一级级向前测试，直到找出故障的初始发生位置。在故障的初始发生位置处，检查连线是否正确。

检测时，让电路固定在某一故障状态，用万用表（或逻辑笔）测试各输入、输出端的直流电平，参考比较表中的数值范围（指 TTL 元器件），从而判断实验板、集成电路芯片引脚或连线等原因造成的故障。

表 2.4.1　TTL 电路在不同情况下引脚电压范围

引脚所处状态	测得电压值
输入端悬空	$\approx 1.1V$
输入端接低电平	$\leqslant 0.4V$
输入端接高电平	$\geqslant 3.0V$
输出低电平	$\leqslant 0.4$
输出高电平	$\geqslant 3.0V$
出现两输出端短路（两输出端状态不相同时）	$0.4V < U < 1.1V$

如果元器件和接线都正确，仍有故障出现，则需要考虑设计问题。

由于数字电路系统中相同的单元电路和集成电路往往比较多，为了尽快找出故障，还常采用如下检测技巧。

1．跟踪法

所谓跟踪法是采用动态的方式逐级跟踪，检查故障，在输入端加入一个有规律的动态信号，然后按信号流向从输入到输出（或从输出到输入）用示波器依次逐级检查各级动态波形，直到查出故障位置。对于数字电路，也可在其输入端加入逻辑电平（0 或 1）用逻辑笔或万用表依次逐级进行静态检查，看各级的输出状态是否符合逻辑要求。

如发现某级输出不正常或无输出，则故障可能就发生在该级或其下级电路，这时，应将级间连线断开，进行单独测试。如断开后，该级电路工作正常，说明故障在下级电路；若断开后，下级电路工作正常，则说明故障在该级电路。

2．逆向演绎法

首先，按照真值表把数字电路"走"一遍，标注出有错误的逻辑态。然后，选择一个比较典型的错误逻辑态，在电路图中列出各节点的理论高低电平。从实测的错误电平输出端入手，反向倒推测量，就可快速找到一个或多个故障点，最后就可逐一排查故障原因。

3．替代法或替换法

在数字电路的调测过程中，当怀疑某部分电路或元器件有故障时，应先检查该部分的连线。当确认无误后，可用完好的相同的集成电路芯片或元器件进行替换。如果替换后故障消失，说明原集成电路芯片或元器件有故障；如果故障仍存在，再检查其他单元和连线。这样，可以很快地判断出故障原因，找出故障所在。

对于有多个输入端或多个门电路的元器件，实际使用中如有闲置的输入端或门电路，在查故障时，可调换其另一个输入端或另一个门电路试用。例如，在使用四 2 输入端与非门 74LS00 时，若只使用了其中两个门电路，则可换用其余门电路进行测试，以判断原本启用的门电路是否有问题。必要时可更换元器件，以排除元器件功能不正常所引起的故障。

替换法的优点是方便易行，在查找故障的同时也排除了故障。它的缺点是替换上的电路或元器件有可能被损坏，因此应慎重，在判断原电路和元器件确有故障或替换后不会损坏时才可使用此法。

4．对比法

对比法即改变输入状态，判断故障，将有问题的电路状态参数与相同的正常电路状态参数进行逐项对比，从而找出故障所在。

如果无论输入信号如何变化，输出一直保持高电平不变时，则可能是被测集成电路芯片的地线接触不良或未接地线。

如果输出信号的变化规律和输入信号的变化规律相同，则可能是集成电路芯片未加上电源电压或电源线接触不良。

对于 JK 触发器，如不管 J、K 端的输入信号如何变化，在时钟信号作用下，电路始终处于计数状态，则可能是 J、K 端漏接导线、导线接触不良或是断线。

5．对半分隔法

若电路由大量模块级联而成，可把有故障的电路对半分隔为两个部分，可查出有问题的那一部分而排除另一部分无故障的电路。然后再对有故障的部分进行对半分隔检测，直到找出故障为止。

采用对半分隔法检查能加快查找故障的速度。例如，某电路由 8 个模块级联而成，可把它分隔成两个等分，先检测模块 4 的输出，若输出正常，说明故障出在模块 5 到 8 中；再用对半分隔法检测模块 6 的输出，若输出异常，则可判断故障出在模块 5 或 6 中；再检测模块5，若输出异常说明模块 5 有故障，若输出正常表示故障点在模块 6。这样可只测三次便快速查明故障点。

6．隔离法（分割法）

隔离法是把数字电路（不论其大小）可能有故障的部分的前后级隔开（断开），逐级检测，判断故障所在。对于含有反馈电路的闭合电路，应设法断开反馈电路，然后，对该电路进行上述检查，或进行状态预置后再检查故障。

上述各自故障检测方法，基本上都是将系统的故障的范围逐步缩小，让故障得到迅速地暴露，从而确定故障的来源并加以排除的。实践证明，这些方法都是行之有效的快速方法。

对于大型综合实验，需要按方块图将有关电路分块调试后再联调。因这种实验使用集成元器件较多，可按功能将其划分为若干独立的子单元，再逐一布线调试。最后将各子单元连起来统调，这样成功的把握更大。

只要做好充分预习，掌握好基本理论，灵活运用上述方法，就不难判断、排除数字电路实验中的各种故障。

2.5　查找单元数字电路故障的方法与技巧

单元数字电路是数字电路系统的基本组成部分。要想学会查找、排除数字电路系统的电路故障，首先要对单元数字电路的类型及工作原理有充分的理解，对所选用的元器件的工作原理及外特性要很熟悉。其次，要熟悉故障的检测与定位，掌握单元数字电路故障查找方法和查找步骤；还要会熟练地使用万用表、逻辑笔、示波器等常用检测工具与仪表。

在数字电路的故障诊断与排除过程中，电路故障的检测与定位技术非常重要，它是排除电路故障的必不可少的方法。根据电路的复杂程度不同，故障检测和故障定位的难易程度也不一样。在实际工作中，要根据具体的故障现象、电路的复杂程度及所使用的设备等因素，进行综合考虑和判断。

本部分内容主要介绍门电路、触发电路、时序电路及显示电路等单元数字电路中常见的故障及其查找方法与技巧。

一、门电路故障查找方法与技巧

门电路是最基本的逻辑电路，也是数字电路最基本的单元电路。最基本的门电路有与门、或门、非门三种，它们是具有多端输入（非门为单端输入）、单端输出的开关电路。按照构造方法的不同，门电路分为分立元器件门电路和集成门电路。由于集成门电路具有体积小、重量轻、功耗小、价格低、可靠性高的优点，应用极为广泛。以下主要介绍集成门电路的故障查找方法与技巧。

（一）集成逻辑门电路常见故障及查找方法

集成逻辑门电路又分为双极型（TTL）集成逻辑门电路和单极型（CMOS）集成逻辑门电路两种。TTL 集成逻辑门电路很多，有与非门（如 74LS00、74LS20）、与门（如 74LS08）、非门（如 74LS04）、或门、或非门（如 74LS02）、与或非门（如 74LS51）、异或门（如 74LS86）、OC 门（如 74LS03）、三态门（如 74LS125）等。CMOS 集成逻辑门电路有反相器（非门）、与非门、或非门、与门、或门、传输门和三态门等。

1. 常见故障现象

（1）在电路中，集成逻辑门电路（以下简称门电路）逻辑功能不正常，有输入信号，无输出信号或输出状态不正确。

（2）输出电平不正常。

（3）元器件损坏。

2. 常见故障查找方法与技巧

（1）在应用电路中，门电路逻辑功能不正常的故障查找方法与技巧。

因为在数字集成电路中，所牵涉的元器件比较多，因此分析、查找电路故障时应全盘考虑。首先要非常熟悉电路的工作原理和各功能模块的工作原理，熟悉各元器件的功能及性能指标。

以与非门 74LS00 为例，TTL 与非门的正常功能应该是全 1 得 0，见 0 得 1。有故障时经常出现无论输入如何，输出都保持 1 状态或保持 0 状态，即所谓的固定电平故障。

查找该故障的最简单方法是替换法。需要说明一下，在替换新元器件之前，应仔细检查，确保新换上元器件的质量。

①查看连线有无错误：首先检查电源端接线，可以用万用表测量电源端与接地端之间的直流电压是否正常；所使用的集成电路芯片的输入、输出引脚与其他电路的连接是否正确，会不会出现输出端接到固定的高电平或低电平这种情况。

②在确认连线无误的情况下，取一块同型号的集成电路芯片换一下，观察电路工作是否正常，如功能正常则说明原集成电路芯片已损坏。如还不正常，则可采用电阻测量法来判断是否存在连接导线内部断路或接触不良、虚接等情况。

电阻测量法：将万用表拨到欧姆挡 R×1Ω，将万用表的两根表棒分别接待测导线的两端。若导线正常且连接良好，则所测电阻值应几乎为零；如读数较大甚至指针不动，则说明导线接触不良甚至导线内部断路，应更换导线。另外可用万用表的直流电压挡去分别测量门电路的输入端、输出端的电平，判断是否因其他外接电路的影响造成固定电平故障。

③门电路通常在数字电路中作为控制单元，因此，检测时应查看控制端的信号是否正常，被控信号是否正常。当电路比较复杂，与门电路单元的联系较多时，在对整个应用电路功能及工作原理比较熟悉的基础上，应用信号跟踪法，按照信号的流程，从前级到后级，用示波器或万用表或逻辑笔逐级逐点地检查信号的控制及传输情况，从而缩小故障范围，判断出故障所在部位，进而排除故障。

通常情况下，一片集成电路芯片上有若干个门电路，使用过程中经常会发现集成电路芯片中个别门电路损坏，在实际电路应用中可以弃用故障门电路，选用正常门电路，而不必更换新集成电路芯片。

（2）输出电平不正常的故障查找方法与技巧。

门电路的输出高电平典型值为 3.6V，输出低电平典型值为 0.3V。

实验中有时会出现电路完全不工作或工作不稳定的现象，这多半是集成电路芯片的引脚电平不正常导致的。而且问题大多数出现在控制电路部分。

检查项：电源电压是否超出正常范围；引脚是否接触不良或者连接导线是否接触不良；提供输入信号的电路（前级电路）的带负载能力是否足够强；是否因闲置的引脚处理不当而造成干扰信号的串入等。

检查的办法是用万用表检测控制电路中门电路的电源电压是否正常，接地是否良好，再用示波器检测电压中的纹波成分，以确定是否要进行电源的检修。确定电源电压正常后，再测量集成电路芯片各引脚的电压值是否正常。当输出引脚的低电平电压高于 0.8V 或高电平电压低于 1.8V 时，容易造成电路逻辑功能混乱、电路失控，使整个电路时而稳定，时而混乱。

如果发现存在上述情况，首先用好的同型号集成电路芯片替换怀疑对象，看是否恢复正常，如正常，说明被换的集成电路芯片已坏；如还不正常，应检查线路连接有无虚接、错接、多接或漏接等现象，如仍未发现异常，故障很可能是线路混线或与怀疑对象相连的其他数字单元电路有故障而造成的；另外还应考虑会不会是因为怀疑对象所带负载过重。

判断是否由与怀疑对象相连的其他电路引起故障可以采用分割测试法，即把外接的导线分别拆除，检查门电路的逻辑功能正常与否，如果门电路本身的逻辑功能正常，而且经过仔细检查没有发现电路连接错误，则考虑与该集成电路芯片相连的其他部分有故障。

应特别注意的是，导线虚接从外表很难辨别，而虚接很容易造成电路工作不稳定，这就是间接性的故障。

（3）元器件损坏的故障查找方法与技巧。

使用不当会造成集成电路芯片的损坏。集成电路芯片的损坏主要表现为以下几个方面：

①由于不正确的频繁插拔，造成引脚的断裂或变形，或使用时没有注意到这一点，因而造成电路故障，可采用直接观察方法、功能分析方法、引脚电压测量法等进行检测。

②由于连线时不注意，将门电路（OC 门除外）的输出端直接接在电源或地端，通电测试前没有仔细检查，造成集成电路芯片的损坏。这种由于连线错误引起的损坏是局部的（同一块集成电路芯片上有多个门电路时），可以改用完好的门电路而不必更换集成电路芯片。

③由于接线时疏忽，不小心将集成电路芯片的工作电源的正、负极接反，通电后必定造成门电路的损坏。这时的故障现象表现为：集成电路芯片发烫甚至冒烟，有时候集成电路芯

片表面出现裂痕或冒泡烧焦等痕迹。当通过眼睛观察或鼻子嗅闻发现这类异常情况，首先必须想到电源接线的问题，应立即切断电源，然后仔细检查加以排除。

二、触发电路故障查找方法与技巧

触发器具有记忆存储功能，是构成时序电路必不可少的部分，是用来存放二进制信息的基本单元。常用的触发器按逻辑功能分为：RS 触发器、D 触发器、JK 触发器、T 触发器等；按结构分为：主从型触发器、维持阻塞型触发器和边沿型触发器；按动作时间节拍分为：基本触发器和钟控触发器。触发器有两个稳定的工作状态（稳态），即 0 和 1，在一定的外加触发信号作用下，触发器的输出状态可以从一种稳态翻转到另一种稳态，一般将 Q 端定义为触发器的输出端。本部分主要讨论几种常用触发器在使用中常见的故障及查找与排除技巧。

（一）RS 触发器故障查找方法与技巧

RS 触发器通常可用来组成无抖动开关，也称作逻辑开关，如图 2.5.1 所示。它避免了机械开关在转换过程中因接触抖动而引起的误动作。

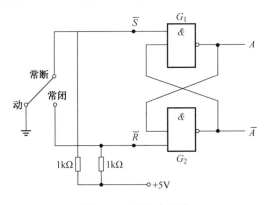

图 2.5.1　无抖动开关

由门电路（如与非门或者或非门）组成的 RS 触发器结构简单，只要明确门电路的逻辑功能，分析 RS 触发器故障也很容易。

1. 常见故障现象

（1）某个门电路损坏。
（2）导线接触不良或开路。
（3）电路调试时出现错接等情况而造成混线。
（4）控制端 S、D 出现不允许状态而造成输出不定。

2. 故障查找方法与技巧

（1）由门电路组成的基本 RS 触发器，若门电路损坏，触发器输出状态将不能正常翻转。查找方法见上文有关内容。

（2）查看电路连接是不是正确，当发现接线有错时，应及时纠正并观察故障是否消失。如果故障还存在，应考虑导线的接触是否良好，判断的方法：用万用表 R×1Ω 挡（关闭电路的电源）测量连接导线是否畅通。

（3）观察引脚有无松脱、虚焊，观察元器件或其所在位置的实验板有误烧焦、搭锡等情况。

（4）判断控制端 S、D 是否出现非法状态（用逻辑笔测量各自的电平），若有，予以纠正。

（二）JK 触发器故障查找方法

JK 触发器分为：主从型 JK 触发器（TTL），如 74LS72（下降沿触发）；边沿 JK 触发器（TTL、CMOS），如 74LS112（下降沿触发）、74LS70（上升沿触发）、CC4027（上升沿触发）。74LS112 是集成双下降沿触发 JK 触发器，它带有置位端和复位端，其引脚排列和逻辑符号如图 2.5.2 所示，其真值表如表 2.5.1 所示。

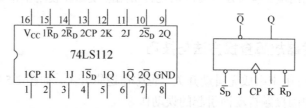

图 2.5.2　74LS112 引脚排列及逻辑符号

表 2.5.1　74LS112 真值表

输入					输出	
$\overline{S_D}$	$\overline{R_D}$	CP	J	K	Q^{n+1}	$\overline{Q}^{n+1}$
0	1	×	×	×	1	0
1	0	×	×	×	0	1
0	0	×	×	×	Φ	Φ
1	1	↓	0	0	Q^n	$\overline{Q}^n$
1	1	↓	1	0	1	0
1	1	↓	0	1	0	1
1	1	↓	1	1	$\overline{Q}^n$	Q^n
1	1	↑	×	×	Q^n	$\overline{Q}^n$

注：表中×、Φ 分别表示输入端、输出端的状态不确定。后同。

1. 常见故障现象

（1）在电路运行中，输出状态应该发生翻转时，却没翻转。

（2）触发器的输出始终为 0 或始终为 1。

（3）触发器的 Q 与 $\overline{Q}$ 端出现同一状态。

2. 故障查找方法与技巧

（1）在电路运行中，若 JK 触发器在 CP 脉冲作用下，应该发生状态翻转时却没有翻转，应首先用万用表的直流电压挡检查触发器的工作电源是否正常，电源的正负极性有没有接反；其次，检查触发器的 J、K 端的电平状态在应该发生翻转前那一刻是不是满足了翻转的条件，如不满足，则检查 J、K 端的接线是否正确，如果接线也没问题，可先断开 J、K 端的外接导线，用万用表检查外电路。如果外电路能给出正确的条件，再断开触发器的输出端子的外接导线，将万用表的表棒接在触发器的输出端，观察触发器输出能不能正常翻转，能正常翻转说明问题出在与触发器输出相连的电路部分；如在输出断开的情况下，触发器输出仍然不能翻转，应断定故障就在 JK 触发器本身，这时应更换元器件。

（2）触发器的输出始终为 0 或始终为 1。首先，检查触发器的置位端或复位端的接法是否正确，JK 触发器正常工作时，其置位端和复位端都应接高电平，否则就会发生置位（输出为 1）或复位（输出为 0）；其次，断开触发器的输出端与外电路的连线，看触发器的输出能不能恢复正常。在输出端断开的情况下，触发器恢复正常，就说明故障出现在与输出端相连的外电路；在输出端断开的情况下，触发器仍然不能恢复正常，应更换元器件。

（3）触发器的 Q 与 $\overline{Q}$ 端出现同一状态。这种情况的出现很有可能是元器件已损坏。先更换元器件，看故障现象能否消失。如故障消失，则故障排除；如故障现象仍然存在，仿照前面的方法，断开输出端的外接电路来检查，即可找到问题所在。

以上只是介绍了三种故障现象的一般检查方法与技巧。很显然，当怀疑电路中该部分单元电路有故障时，如果元器件更换方便，只要接线（包括电源的极性）无误，确保新更换上去的触发器不是坏的，先更换元器件排除故障较为快捷方便。如元器件更换不方便，还是按照上述的步骤去检查、判断为好。

（三）D 触发器故障查找方法

D 触发器相对于 JK 触发器而言比较简单，触发器的状态在时钟信号的上升沿到来时翻转，输出端与输入端的状态一致。在使用中如遇到故障，按照逻辑功能，结合故障现象，仿照 JK 触发器的故障检测查找方法可排除故障。

三、时序电路故障查找方法与技巧

时序逻辑电路简称时序电路，在时序电路中，任一时刻，电路的输出状态不仅取决于该时刻的电路输入状态，而且还与前一时刻电路的状态有关。时序电路主要由存储电路和组合逻辑电路两部分组成。组合逻辑电路的基本单元是门电路，存储电路的基本单元是触发器。本部分主要介绍由门电路、触发器等构成的计数器、寄存器等时序电路的一般故障查找、排除的方法与技巧。

（一）同步时序电路常见故障及查找方法

1．常见故障

（1）计数不正常：不计数或计数未达到预期要求。
（2）进位不正常：未按照规定向高位送出进位信号。

2．故障查找方法与技巧

（1）计数不正常或不计数故障的查找方法与技巧。
计数器不能正常计数，有可能是组成计数器的触发器的驱动条件没有得到满足，或者是各触发器的复位端被固定置成复位状态,也可能是计数时钟信号没有加到触发器的CP端等。

①查触发器的复位端的电平情况是否正常。如不正常,则检查连线情况、开关接触是否良好等。

②检查计数脉冲是否顺利送到各触发器的CP端。如果没有,先断开CP端的外接线,单独测量外来的CP信号正常与否,CP信号不正常,则检查外电路;CP信号正常,则检查CP信号输出端与触发器CP端之间的连线。

③根据该电路的驱动方程,逐一检测各触发器的输入端状态。如该计数器由JK触发器(D触发器)组成,则分别用万用表测量各JK触发器J端与K端(D触发器的D端)的输入状态,如果各触发器的输入状态与预期输入状态不一致,则检查与这些输入端相连的其他部分,是否接线有错或连线开路。如果也没问题,应设想可能是个别触发器损坏造成的故障。

(2)计数未达到预期要求的故障查找方法与技巧。

这种故障很可能是由于后面某一级的触发器输入状态信号不正确,也有可能是该级没有接收到前级送来的状态信号,或者该级触发器复位端被永久复位、时钟信号没能加入等原因造成的。

①先测量该触发器的CP端有没有时钟信号。

②测量该触发器复位端的电平情况,判断其是否正常。

③检查该级输入端,即JK触发器的J端与K端(D触发器的D端)外接线路正确与否。

(3)进位不正常的故障查找方法与技巧。

计数器计数不正常或不计数,这两种情况也会造成没有进位信号的输出,如果输出部分的门电路有故障也会引发该故障的出现。当整个计数过程都正常,但没有进位信号产生时,应检查门电路部分(包括接线、元器件等)。门电路故障的查找与排除方法已在前面介绍过,这里不再重复。检查时要注意后级电路的故障,如元器件损坏引起本级的输出端被钳制的可能。

以上是同步计数器的故障现象分析及查找方法的简要介绍,在实际工作中应根据具体故障现象具体分析,方法不是一成不变的,只要熟悉电路原理及电路里所用元器件的功能特点、动作条件等,故障排查并不困难。

(二)寄存器常见故障的查找方法与技巧

寄存器是能够存放数码(运算结果)或指令信息的数字电路组件。寄存器是依靠其内部的触发器来存放数码信息的。移位寄存器除了能存放数码信息外,还具有将数码移位的作用,可以左移也能右移。

正常的寄存器必须能够存取数码,因此寄存器不仅含有触发器,还含有一些起控制作用的门电路。通常所说的寄存器是指用无空翻现象的边沿型触发器构成的寄存器。一个触发器可以存放一位二进制数码,所以一个触发器就是一位寄存器,n位寄存器则需要n个触发器。

如图2.5.3所示为一个由D触发器组成的四位并入并出单拍接收方式的数码寄存器,其组成结构和工作原理很简单,因此故障现象很容易分析并排除。

1. 数码寄存器故障现象及查找技巧

(1)假设CP脉冲到来前,输入端$D_3D_2D_1D_0$的状态为1101,输出端$Q_3Q_2Q_1Q_0$的状态为 0000，CP 脉冲到来后，输出端 $Q_3Q_2Q_1Q_0$ 的状态应变成 1101，现发现结果仍为 0000。分析一下会发现，这是个共性故障，可能存在的问题：一是各触发器没有工作电源；二是清零端被置成低电位；三是 CP 脉冲没进来。

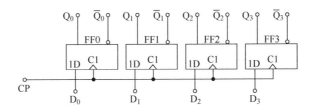

图 2.5.3　由 D 触发器组成的四位数码寄存器

（2）电路输入端状态同上，当 CP 脉冲到来后，输出端 $Q_3Q_2Q_1Q_0$ 的状态变为 1001 或其他状态（不是预期结果）。这样的故障为非共性故障，分析方法是将输出与输入状态进行比较，找出不同的部分及其对应的触发器，那么问题就出在该触发器本身及与之相连的导线。用万用表检测该触发器输入端状态、清零端电平、CP 脉冲的进线等，如果排除了这些问题，故障仍然存在，则说明该触发器已损坏。

2. 移位寄存器（左移寄存器或右移寄存器）故障现象及分析查找方法

如图 2.5.4 所示为 D 触发器组成的右移寄存器（左移寄存器雷同）。它们的输入端是级联在一起的，故为串行输入、并行输出的寄存器。

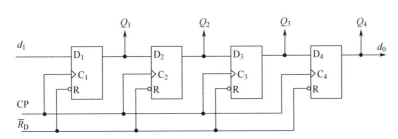

图 2.5.4　D 触发器组成的单向移位寄存器

被存数码逐位送到 D_1 端，Q_1 接到 D_2、Q_2 接到 D_3、Q_3 接到 D_4，每来一个 CP 脉冲，输入的数码向右移动一位。假如随着 CP 脉冲的到来，寄存器不能按预定的目标移位（寄存器根本无反应或寄存器移位结果有误），则故障分析查找方法如下：

（1）若寄存器根本没有反应，检查：电源是否正常；CP 脉冲是否送到；复位端子（图中没有画出）是否被置成复位状态。只要用万用表按照前面介绍的方法一项一项地检测，就会发现问题并解决。

（2）寄存器移位结果有误，说明寄存器能实现移位功能，只是各触发器之间的连接可能有错误，也可能是某个触发器有故障。要仔细检查各级的连线是否正确和良好。如果连线没有问题，则可能是某个触发器的故障造成的，更换同型号的新元器件即可，如果该寄存器的输出还送到别的电路部分，检查故障时应附加考虑外电路故障的牵制作用；如故障在更换新元器件后仍然存在，可以断定故障在外电路。

3．74LS194 故障现象及分析查找的方法

74LS194 是一个四位双向移位寄存器，如图 2.5.5 所示是 74LS194 的逻辑符号及引脚排列。

74LS194 的主要功能为：清零功能（$\overline{CR}$ =0）；保持功能（$\overline{CR}$ =1，CP=0 或 $\overline{CR}$ =1，S_1S_0=00）；并行送数功能（$\overline{CR}$ =1，S_1S_0=11，在 CP 脉冲上升沿到来时）；右移串行送数（$\overline{CR}$ =1，S_1S_0=01，在 CP 脉冲上升沿到来时）和左移串行送数功能（$\overline{CR}$ =1，S_1S_0=10，在 CP 脉冲上升沿到来时）。

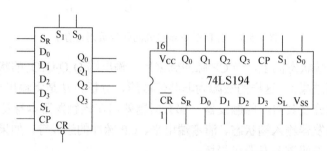

图 2.5.5　74LS194 的逻辑符号及引脚排列

（1）故障现象：

①并入、并出功能不正常。

②左移或右移功能不正常。

③构成扭环计数器或脉冲发生器时计数过程或输出脉冲不正常等。

（2）查找故障方法与技巧：

①并入、并出功能不正常时，检查：元器件电源部分是否正常；清零端或工作方式控制端 S_1S_0 的状态是否正确；清零端和工作方式控制端的电平是否正常；时钟信号有没有顺利送到元器件的 CP 端（将该端用一根导线与时钟信号发送端连接）；数据是否完整送到（检测输入端 $D_0D_1D_2D_3$ 的电平）。

②左移或右移功能（串行送数）不正常的故障查找方法同上。

③构成扭环计数器或脉冲发生器时，计数过程或输出脉冲不正常的故障查找方法同上。

除上述因素导致故障发生外，出错原因还可能是各级之间的连接问题（包括接线有误、连线不良等）或者门电路部分的问题等，对应的检查方法前已详述。

总之，分析检查移位寄存器的故障，首先要熟悉元器件的逻辑功能、元器件所组成的具体应用电路和工作原理，其次是综合运用以前讲述过的检查测量方法。

（三）异步时序电路常见故障及查找方法

1．异步计数器

如图 2.5.6 所示是 4 个 JK 触发器组成的四位十进制异步加法计数器，由图可知，所有的 JK 触发器的 J、K 端子都为 1 状态，除第一个触发器以外，其余触发器的 CP 端触发脉冲都由前级触发器的输出端（Q 或 $\overline{Q}$）提供。

如图 2.5.7 所示为四位十进制异步加法计数器波形图，如表 2.5.2 所示为四位十进制异步

加法计数器计数状态顺序表。

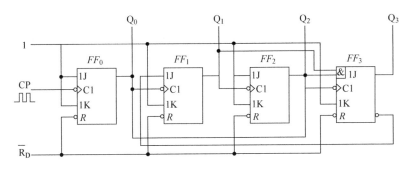

图 2.5.6　4 个 JK 触发器组成的四位十进制异步加法计数器

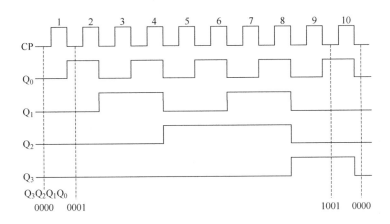

图 2.5.7　四位十进制异步加法计数器波形图

表 2.5.2　四位十进制异步加法计数器计数状态顺序表

计数顺序	计数器状态			
	Q_3	Q_2	Q_1	Q_0
0	0	0	0	0
1	0	0	0	1
2	0	0	1	0
3	0	0	1	1
4	0	1	0	0
5	0	1	0	1
6	0	1	1	0
7	0	1	1	1
8	1	0	0	0
9	1	0	0	1
10	0	0	0	0

2. 常见故障现象（以图 2.5.6 为例）

（1）CP 脉冲到来时计数器不能计数。

（2）计数器虽然能计数，但计数不正常。

3．常见故障查找方法与技巧

（1）计数器不能计数的故障查找方法与技巧。

①可能的故障原因：电源问题；第一个触发器或所有触发器的清零端出现低电平；第一个触发器可能没接收到 CP 脉冲；第一个触发器可能有故障。

②查找方法与技巧：用万用表直接测量触发器的电源、检测清零端电平；检查第一个触发器 CP 端的外接线连接情况，直接测量该端有没有 CP 信号；如果前面的检查没有问题，应怀疑是第一个触发器有问题，更换元器件试试看。如果计数器的输出还送到别的电路去，那么检查时应考虑外电路故障对计数器的附加影响。

（2）虽然能计数，但计数不正常的故障查找方法与技巧。

①可能的故障原因：个别触发器的电源没加上；触发器之间的连接有误或断线；个别触发器的清零端没接好；由于门电路工作异常导致反馈信号不能正常反馈；由于门电路部分接线不良导致提前反馈清零等。

②查找方法与技巧：先检查各触发器电源及触发器之间的连线；根据计数故障现象检查被怀疑触发器的清零端连接；检查门电路的电源及其与触发器之间的连线（例如，由于接线不好，Q_1 和 Q_3 中的任何一个反馈信号不能正常送到与非门的输入端，就会造成计数器提前复位，计数器变成二进制计数或八进制计数）。如果接线没问题，应怀疑元器件有故障，可尝试更换新元器件。同样，如计数器还外接其他电路，应考虑外电路的不正常对本电路的影响。

四、显示电路故障查找方法与技巧

在数字电路系统中，经常需要将计数、测量或处理的结果直接显示成十进制数字。因此，在电路设计中，首先要将以二进制表示的结果送至译码器进行译码，然后由译码器的输出去驱动显示电路。由于不同的显示电路的工作方式不同，因此对译码器的要求也不一样，译码器的电路也不同。

显示电路中的显示元器件有多种形式，以七段显示器为例，常用的有发光二极管（LED）和液晶显示元器件（LCD）。本部分内容涉及的显示元器件主要为集成译码器。如图 2.5.8 所示是七段显示译码器 CD4511 的引脚排列图。

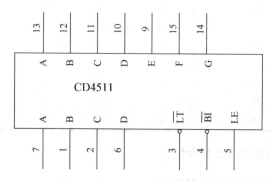

图 2.5.8　CD4511 的引脚排列图

该集成译码器有四位 BCD 码的输入端 A、B、C、D 和七段码输出端 a、b、c、d、e、f、g。另外，CD4511 还有三个输入控制端，其功能如下。

$\overline{LT}$（灯测试输入端）：当该端状态为 0 时，无论输入端为何种状态，输出都全为 1，七段数码管七段全亮，显示出 8 字，该端用来检测七段数码管的七段是否能正常显示。

$\overline{BI}$（动态灭 0 输入端）：当该端状态为 0 时，输出都为低电平，七段数码管七段全灭。

LE（锁存控制功能端口）：该端状态为 1 时，在此之前一瞬间的输入端（BCD 码输入）的状态将被锁定并保持，即 CD4511 "记住了"（锁存）这一瞬间的状态，同时译码输出端的状态也随之保持不变。当 LE 状态为 0 时，输入端的状态被译码，变成七段数码管控制信号，从 a～g 输出。

以上三个输入控制端都是低电平有效的，在正常计数时，这些输入控制端的电平必须接正确。

共阴极（共阳极）七段数码管有 10 个引脚，上下两边各 5 个。上下边的中间引脚为公共端，共阴极七段数码管的公共端正常使用时需要接地，显然，如果共阴极七段数码管与集成译码器配合使用，这时应要求集成译码器的输出为高电平，才能使各段数码管发光；共阳极七段数码管的公共端正常使用时需要接电源正端，如果共阳极七段数码管与集成译码器配合使用，此时要求集成译码器输出低电平，各段数码管才能发光。

1. 显示电路常见故障现象

（1）固定显示 "8" 字。

（2）显示的数与预期的要求不一致。

（3）出现缺段显示的现象。

（4）不显示任何数字。

2. 显示电路常见故障的查找方法与技巧

（1）固定显示 "8" 字：如果采用的是计数译码显示电路，也可能是计数器有问题。先测量 $\overline{LT}$ 端的电位和检查计数器部分接线及计数器的好坏。如果接线不良，将导致译码器 $\overline{LT}$ 端出现低电平，此时显示电路将显示 "8"（无论输入状态如何）。

（2）显示的数与预期不一致：很可能是计数器的输出端到译码器的输入端之间有问题，如端子接错、接线不好等将会造成译码输出有误。产生此类问题还可能是译码器的 7 个输出端中的某一个或几个没有顺利地把信号送到七段数码管的相应端子上，此时可检查接线是否正确及接线是否良好。

（3）缺段显示：可能七段数码管该段所对应的 LED 损坏，也有可能是对应的译码器输出没有接好。先检查接线，接线没有问题，则可怀疑七段数码管内部相应段的 LED 烧坏。拆除该段的接线，单独从有显示的段引一根导线接到该段，看看有无显示，若没有显示，则更换七段数码管；若七段数码管没问题，则译码器有问题。

（4）不显示任何数字：很有可能是七段数码管的公共端漏接导线或导线没接好造成的。先检查有没有漏接线，七段数码管有没有选错（因为共阴极七段数码管与共阳极七段数码管的外观几乎没区别，容易选错）。如这些都正确，则考虑译码器的问题，更换一块新的译码器试试看。如还不正常，应检查译码器的接线（包括电源部分）及外电路。

液晶显示元器件目前应用也比较广泛。液晶是一种既具有液体流动性又具有晶体光学特性的化合物，其透明度和显示的颜色受外加电场的控制。目前市场上的液晶显示元器件大都将驱动电路集成在一起，作为单个元器件出售。液晶显示元器件常见的故障有：导电橡胶导电不良，显示器破损漏液等。

五、555 定时器应用电路故障查找方法与技巧

555 定时器是一种双极型集成电路芯片。其电路功能全，适用范围广，只要在外部配上几个适当的阻容元器件，就可构成单稳、多谐及施密特触发器等脉冲产生电路。在工业自动控制、检测、定时、报警等方面应用广泛。

1. 电路组成及工作原理

555 定时器应用电路如图 2.5.9 所示。图中 IC_3、IC_4 分别构成两只不同频率的多谐振荡器，IC_2 构成施密特触发器，IC_1 构成单稳态电路和光报警显示电路，VT_3、B 构成声报警电路。

电路工作原理：接通电源后，IC_3 的引脚 2 输出振荡锯齿波，经 IC_2 施密特触发器整形后触发 IC_1 单稳态电路，使其输出不断反转，使发光二极管不断闪烁。因为 IC_3 振荡器的充放电时间常数远大于 IC_4 振荡器的充放电时间常数，因此 IC_3 振荡器的振荡周期远大于 IC_4 振荡器，将 IC_3 振荡器输出连接到 IC_4 振荡器的控制电压输入端，利用 IC_3 振荡器输出高、低电平控制 IC_4 振荡器产生两个不同频率的音频振荡，通过 VT_3 推动扬声器产生音响效果。

2. 常见故障现象

（1）发光二极管不亮。
（2）发光二极管一直亮。
（3）发光二极管闪烁频率不正常。
（4）扬声器不响。

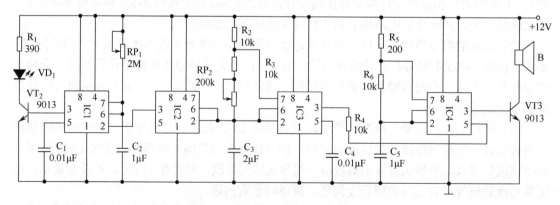

图 2.5.9　555 定时器组成的声光报警电路

3. 常见故障查找方法与技巧

（1）发光二极管不亮：

①查供电电路。用万用表检查12V电源是否正常。

②查指示电路。用在线测量法检测电阻、二极管、三极管，若发现损坏的元器件，更换即可。

③查 IC_1 所构成的单稳态电路。若 IC_1 的引脚3始终输出低电平，VT_2 将一直处于截止状态，发光二极管不亮，此时可采用代换法，判断555集成电路芯片的好坏。

（2）发光二极管一直亮。

①检查三极管 VT_2。若 VT_2 击穿，更换 VT_2 故障即可排除。

②测 IC_1 引脚6、引脚7的电平，若为低电平，查 RP_1 及连线是否有断线或虚焊的情况，检查 IC_1 是否击穿。查 IC_1 的引脚2是否悬空。外围检查确认无误后，可用代替法判断 IC_1 是否损坏。

③用上述同样方法检查 IC_2、IC_3 及其外围元器件。

（3）发光二极管闪烁频率不正常。

对于此类故障，主要检查单稳态电路（IC_1），当单稳态电路工作不正常时，会造成发光二极管闪烁频率不正常，另一个检查重点是 IC_2 电容器。

（4）扬声器不响。

①检查音响电路。测量供电电源电压，检查 VT_3 是否损坏。

②检查 IC_4。主要检测 IC_4 引脚5的控制信号，如信号异常，检查 IC_3 的引脚3的状态及 R_4 两端电压，也可通过示波器测量相关的信号波形来判断故障部位。

总之，要学会分析、查找、排除数字集成电路芯片的故障，首先要熟悉每一种元器件的逻辑功能、工作原理、使用条件等。再根据具体故障现象，结合前面介绍过的数字电路系统电路故障查找方法及步骤，借助合适的检测工具，多分析、多实践，就能掌握其技巧，解决实际问题。

第三章　验证性实验

3.1　实验一　晶体管开关特性、限幅器与钳位器

一、实验目的

（1）观察晶体二极管、晶体三极管的开关特性，了解外电路参数变化对晶体管开关特性的影响。

（2）掌握限幅器和钳位器的基本工作原理。

二、实验预习要求

（1）熟练使用仿真软件 MultiSim 进行仿真。

（2）熟悉晶体二极管、晶体三极管的开关特性及提高开关速度的方法。

（3）了解在晶体二极管钳位器和限幅器中，若将某个二极管的极性或偏压的极性反接，输出波形会出现什么变化。

三、实验设备与元器件

（1）直流稳压电源。

（2）双踪示波器。

（3）函数信号发生器（以下称信号源）。

（4）实验箱。

（5）数字万用表。

（6）元器件：IN4007、3DG6、3DK2、2AK2（IN60），以及电阻、电容若干。

四、实验原理

1. 晶体二极管的开关特性

由于晶体二极管（以下简称为二极管）具有单向导电性，故其开关特性表现在正向导通

与反向截止两种不同状态的转换过程上。

在如图 3.1.1 所示电路的输入端施加一方波激励信号 u_i，因为二极管 VD 结电容的存在，所以有充电、放电及电荷的存储与消散的过程。当加在二极管上的电压突然由正向偏置（$+U_1$）变为反向偏置（$-U_2$）时，二极管并不立即截止，而是出现一个较大的反向电流，并维持一段时间 t_s（称为存储时间）后，电流才开始减小；再经 t_f（称为下降时间）后，反向电流才等于静态特性上的反向电流 I_0。称 t_r 为反向恢复时间（$t_r = t_s + t_f$），t_r 与二极管的结构有关，PN 结面积小，结电容小，存储电荷就少，t_s 就短。t_r 也与正向导通电流和反向电流有关。

当选定二极管后，减小正向导通电流和增大反向电流，可加速电路的转换速度。

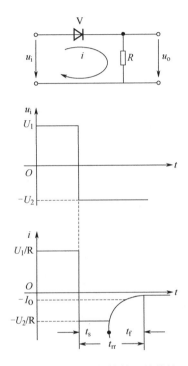

图 3.1.1　晶体二极管的开关特性

2. 晶体三极管的开关特性

晶体三极管（以下简称为三极管）的开关特性是指其从截止到饱和导通，或从饱和导通到截止的转换过程，上述转换都需要一定的时间才能完成。

在图 3.1.2 所示电路的输入端施加一个足够幅度（在 $-U_2$，和 $+U_1$ 之间变化）的方波激励信号 u_i，就能使三极管 VT 从截止状态进入饱和导通状态，再从饱和导通状态进入截止状态。可见三极管的集电极电流 i_c 和输出电压 u_o 的波形已不是理想的矩形波，其起始部分和平顶部分都延迟了一段时间，其上升沿和下降沿都变得平缓了，从 U_i 开始跃升到 i_c 上升到 $0.1I_{CS}$ 所需时间定义为延迟时间 t_d，而 i_c 从 $0.1I_{CS}$ 增长到 $0.9I_{CS}$ 的时间定义为上升时间 t_r；从 U_1 开始下降，到 i_c 下降到 $0.9I_{CS}$ 的时间定义为存储时间 t_s，而 i_c 从 $0.9I_{CS}$ 下降到 $0.1I_{CS}$ 的时间定义为下降时间 t_f；通常称 t_{on}（$t_{on} = t_d + t_r$）为三极管的"接通时间"，称 t_{off}（$t_{off} = t_s + t_f$）为"断开时间"，形成上述开关特性的主要原因是三极管结电容所引起的。

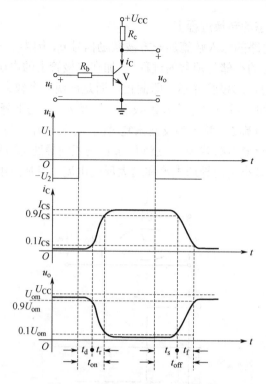

图 3.1.2　晶体三极管的开关特性

改善三极管开关特性的方法是采用加速电容 C_b 和在三极管的集电极加二极管 VD 钳位，如图 3.1.3 所示。C_b 是一个电容量接近 100pF 的电容，在 u_i 正跃变期间，由于 C_b 的存在，R_{b1} 相当于被短路，u_i 几乎全部加到基极上，使 VT 迅速进入饱和导通状态，t_d 和 t_r 大大缩短。当 u_i 负跃变时，R_{b1} 再次被短路，使 VT 迅速进入截止状态，也大大缩短了 t_s 和 t_f。可见 C_b 仅在瞬态过程中起作用，稳态时 C_b 相当于开路，对电路没有影响。C_b 加速了三极管的接通过程和断开过程，故称之为加速电容。这是一种经济有效的方法，在脉冲电路中得到广泛应用。

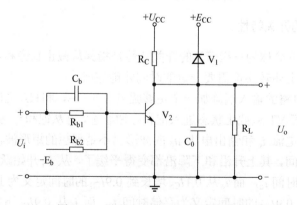

图 3.1.3　改善三极管开关特性的电路

钳位二极管 VD 的作用是当 VT 由饱和导通状态进入截止状态时，随着电源对分布电容和负载电容的充电，U_o 逐渐升高。因为 $U_{cc} > E_c$，当 U_o 超过 E_c 后，VD 导通，使 U_o 的最高

值被钳位在 E_c 上，从而缩短 U_o 波形的上升时间，而且上升沿的起始部分又比较陡，大大缩短了输出波形的上升时间 t_r。

3．限幅器

利用二极管与三极管的非线性特性，可构成限幅器和钳位器。它们均是波形变换电路，在实际中均有广泛的应用。二极管限幅器是利用二极管导通和截止时呈现的阻抗不同来实现限幅的，其限幅电平由外接偏压决定。三极管则利用其截止和饱和特性实现限幅功能。钳位器的作用是将脉冲波形的顶部或底部钳位在一定的电平上。

五、实验内容

在实验板合适位置放置元器件，然后接线。

（1）二极管反向恢复时间的观察。按图 3.1.4 所示接线，E 为偏置电源（0～2V 可调）。

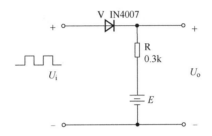

图 3.1.4　二极管反向恢复时间的观察电路

输入信号 U_i 为频率 $f=100\text{kHz}$、幅值 $U_m=3\text{V}$ 的方波信号，将偏置电压调至 0V，用双踪示波器观察并记录输入信号 U_i 和输出信号 U_o 的波形，读出存储时间 t_s 和下降时间 t_f 的值。

改变偏置电压（由 0 变到 2V），观察输出信号 U_o 的波形及 t_s 和 t_f 的变化规律，记录结果并进行分析。

（2）二极管限幅器按图 3.1.5 所示接线，输入信号 U_i 为 $f=10\text{kHz}$、$U_{PP}=4\text{V}$ 的正弦波信号。将偏置电压分别调至 2V、1V、0V、−1V，观察并记录输出波形的变化情况。

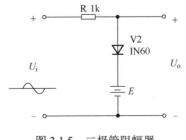

图 3.1.5　二极管限幅器

（3）三极管开关特性的观察。按图 3.1.6 所示接线，输入信号 U_i 为 $f=100\text{kHz}$ 的方波信号，三极管选用 3DG6。

①将 B 点接至电源 $-E_b$，使其电压在 0～-4V 内变化。观察并记录输出信号 U_o 波形及 t_d、t_s、t_r 和 t_f 的变化规律。

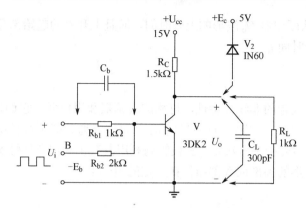

图 3.1.6　三极管开关特性实验电路图

②将 B 点换接在接地点，在 R_{b1} 旁并联一个 300pF 的加速电容 C_b，观察 C_b 对输出波形的影响；然后将 C_b 更换成电容量为 1000pF 的电容，观察并记录输出信号 U_o 波形的变化情况。

③去掉 C_b，在输出端接入负载电容 C_L（电容量为 300pF），观察并记录输出信号 U_o 波形的变化情况。

④在输出端再并联一个 1kΩ 的负载电阻 R_L，观察并记录输出信号 U_o 波形的变化情况。

⑤去掉 R_L，接入限幅二极管 VD（2AK2 或 IN60），观察并记录输出信号 U_o 波形的变化情况。

（4）二极管钳位器按图 3.1.7 所示接线，输入信号 U_i 为 f=10kHz、U_{PP}=4V 的方波信号。将偏置电压分别调至 1V、0V、−1V、−3V，观察并记录输出信号 U_o 波形的变化情况。

（5）三极管限幅器按图 3.1.8 所示接线，输入信号 U_i 为 f=10kHz、U_{PP} 为 0～5V 范围内连续可变的正弦波信号。在不同的输入信号幅度下，观察并记录输出信号 U_o 波形的变化情况。

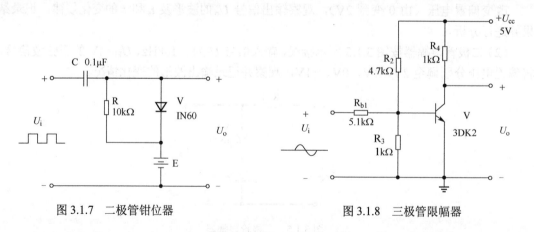

图 3.1.7　二极管钳位器　　　　　　　　图 3.1.8　三极管限幅器

六、实验报告

（1）将实验观测到的波形画在坐标纸上，并对其进行分析和讨论。

（2）总结外电路元器件参数对二极管、三极管开关特性的影响。

3.2　实验二　TTL、CMOS 与非门参数及逻辑特性的测试

一、实验目的

（1）掌握 TTL、CMOS 与非门参数的测量方法。

（2）掌握 TTL、CMOS 与非门逻辑特性的测量方法。

二、预习要求和思考题

1. 预习要求

（1）掌握门电路工作原理及相应逻辑表达式。

（2）熟悉常用 TTL 门电路和 CMOS 门电路的功能、特点。

（3）熟悉 TTL、CMOS 与非门各参数的意义及其测量方法。

（4）查阅所用集成电路芯片的引脚排列、功能及真值表，并写在预习报告中。

（5）用 MultiSim 软件对实验进行仿真和分析。

2. 思考题

（1）TTL 门电路和 CMOS 门电路有什么区别？

（2）用与非门实现其他逻辑功能的方法、步骤是什么？

三、实验设备与元器件

仔细查看数字电路实验装置的结构：直流稳压电源、信号源、逻辑开关、逻辑电平显示器，确认元器件的布局及使用方法。具体实验设备与元器件有：

（1）直流稳压电源。

（2）双踪示波器。

（3）数字万用表。

（4）实验箱。

（5）元器件：74LS00（CC4011），2kΩ、390Ω 等阻值的电阻。

四、实验原理

74LS00 是 TTL 型中速二输入端四与非门。图 3.2.1 是它的引脚排列图及内部电路原

理图。

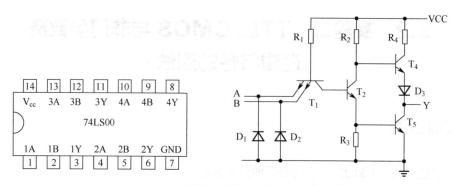

图 3.2.1　74LS00 引脚排列图及内部电路原理图

1. TTL 与非门参数

（1）输入短路电流 I_{iS}：一个输入端接地（其他悬空）时，该输入端流入地端的电流 I_i。

（2）开门电平 U_{ON}：使输出变成低电平 U_{OL} 所需的最小输入电压，通常以 U_o=0.4V 时的 U_i 定义 U_{ON}。

（3）关门电平 U_{OFF}：使输出端保持高电平 U_{OH} 所允许的最大输入电压，通常以 U_o=0.9U_{OH} 时的 U_i 来定义 U_{OFF}。

（4）阈值电平 U_T：U_T=(U_{OFF}+U_{ON})/2。

（5）开门电阻 R_{ON}：某输入端对地接入电阻（其他悬空）时，使输出变成低电平所需的最小电阻值。

（6）关门电阻 R_{OFF}：某输入端对地接入电阻（其他悬空）时，使输出变成高电平所需的最大电阻值。

（7）与非门输入端电阻负载的连接及其特性曲线如图 3.2.2 所示。

（8）平均传输延迟时间 T_Y。开通延迟时间指输出端出现低电平到输入端出现高电平的时间间隔。关门延迟时间指输出端出现高电平到输入端出现低电平的时间间隔。平均传输延迟时间 T_Y 为上述二者的算术平均值。

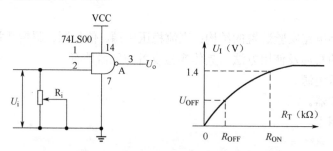

图 3.2.2　与非门输入端电阻负载的连接及其特性曲线

2. TTL 与非门的电压传输特性

与非门的电压传输特性是输出电压 U_o 随输入电压 U_i 变化的曲线，如图 3.2.3 所示。U_o-U_i 曲线形象地显示了 U_{OH}、U_{OL}、U_{ON}、U_{OFF} 之间的关系。

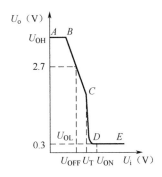

图 3.2.3 与非门的电压传输特性

3. 与非门的逻辑特性

"输入有低（0），输出为高（1）；输入全高（1），输出才低（0）"。与非门的逻辑特性既可以用真值表（如表 3.2.1 所示）表示，也可以用图 3.2.4 所示的波形表示。

表 3.2.1 与非门真值表

A	B	Q
0	×	1
×	0	1
1	1	0

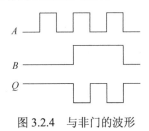

图 3.2.4 与非门的波形

4. CC4011 简介

CC4011 是 CMOS 型二输入端四与非门。图 3.2.5 是其引脚排列图。

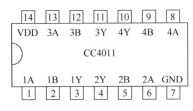

图 3.2.5 CC4011 引脚排列图

1）CC4011 的电压传输特性

图 3.2.6 所示为 CC4011 的电压传输特性（注意：TTL 电路输入端悬空可视为高电平而 CMOS 电路的输入端不允许悬空）。CC4011 的工作波形如图 3.2.7 所示。

CC4011 的电压传输特性不仅转折区的变化率很大，而且转折区的输入电压（即阈值电平）$U_{TH}=U_{DD}/2$。

2）CC4011 的传输延迟时间

CC4011 的传输延迟时间是以输入、输出波形对应边上等于最大幅度 50% 的两点间的时间间隔。

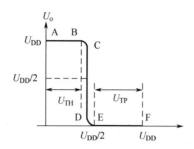

图 3.2.6　CC4011 的电压传输特性

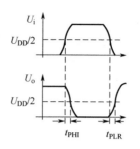

图 3.2.7　CC4011 的工作波形

五、实验内容

1. 部分参数的测量

（1）测量短路电流 I_{iS}、输出高电平 U_{OH}、输出低电平 U_{OL}。

实验电路如图 3.2.8 所示，将开关打到 A 端，输入端 2 串联电流表到地，此时电流表指示值为 I_{iS}，电压表指示值为 U_{OH}。将输入端 2 悬空；电压表指示值为 U_{OL}（测量 U_{OL} 时应接入模拟灌流电阻 390Ω）。将测量结果填入表 3.2.2。

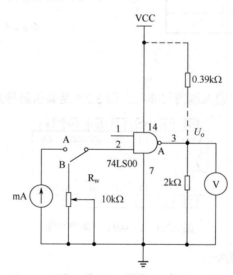

图 3.2.8　TTL 门电路参数测试图

注意：

① U_{OH} 的测量应与 I_{iS} 同时进行。

②在后续实验中因输出电压 U_o 要降低到 $0.9U_{OH}$，因此在此处测量 U_{OH} 时，应使 U_{OH} 尽可能大（思考：为什么？如何做到？）。

③若 $U_{OL}>0.8V$，应调节 74LS00 输入端的可调电阻 R_w，使其阻值尽可能大（思考：为什么？）。

④若 $0.8V>U_{OL}>0.4V$，可将模拟灌流电阻阻值适当加大，使 $U_{OL}<0.4V$，以便后续实验

的进行（思考：为什么？）。

（2）测量 U_{OFF}、R_{OFF}、U_{ON}、R_{ON}。

将开关打到 B 端，使输入端 2 接电位器 R_w。

表 3.2.2　参数测量记录（1）

	短路电流 I_{iS}/mA	输出高电平 U_{OH}/V	输出低电平 U_{OL}/V	关门电平 U_{OFF}/V	关门电阻 R_{OFF}/kΩ	开门电平 U_{ON}/V	开门电阻 R_{ON}/kΩ
典型电路参数	<-1.5	>3	<0.3	≥0.8	≥5	≤1.8	≥6
测量值							

①当 R_w 阻值为 0 时，$U_o=U_{OH}$，将 R_w 阻值逐渐调大，直到 U_o 降到 $0.9U_{OH}$ 时，用直流电压表测得的 R_w 两端的电压即为关门电平 U_{OFF}；此时 R_w 的阻值即为 R_{OFF}（注意：测量电阻时应将电路断开）。

②当 R_w 阻值为 10kΩ 时，$U_o=U_{OL}$，将模拟灌流电阻 390Ω 接入，将 R_w 阻值逐渐调小，直到 U_o 上升到 0.4V 左右时，用直流电压表测得的 R_w 两端的电压即为开门电平 U_{ON}，此时 R_w 的阻值即为 R_{ON}。

将测量结果填入表 3.2.2。

注意：（1）用万用表测量电压和电流时应标注被测电压和电流的方向。

（2）测量关门电阻 R_{OFF} 及开门电阻 R_{ON} 时，应至少断开 R_w 接线的一边。

2．TTL 与非门灌电流负载能力测试

实验电路如图 3.2.9 所示。电流表量程为 20mA，将电位器阻值逐渐调小直到输出电压上升到 0.4V 时，电流表的示值为最大灌流负载电流 I_L。算出与非门的同类负载个数 N_o。（$N_o=I_L/I_{iS}$）。将测量结果填入表 3.2.3。

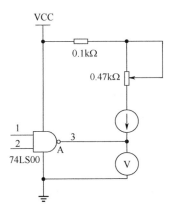

图 3.2.9　TTL 与非门灌电流负载能力测试

表 3.2.3　参数测量记录（2）

R_w	最大灌电流负载电流 I_L/mA	典型电路参数值	扇出系数 $N_o=I_L/I_{iS}$
1kΩ		I_L≤25mA N_o≥8	

注意：扇出系数 N_o 指门电路输出端连接同类门的最多个数，它反映了门电路的带负载能力，应取整数（取小不取大）。N_o 越大，说明门电路的负载能力越强。一般门电路产品要求 $N_o \geq 8$。

3. TTL 与非门拉电流负载能力测试

实验电路如图 3.2.10 所示。电流表量程为 20mA，将电位器阻值逐渐调小，观察输出电压和输出电流的变化。当输出高电平下降到 2.4V 时，电流表的示值为最大拉电流负载电流 I_L。将测量结果填入表 3.2.4。

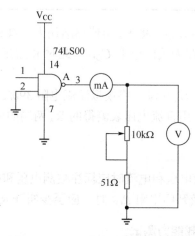

图 3.2.10　TTL 拉电流负载能力测试

表 3.2.4　参数测量记录（3）

输出电压 U_o	最大拉电流负载电流 I_L/mA	典型电路参数值
U_{OH}（>3.6V）		$I_L \leq 0.4$mA
2.4V		$5\text{mA} < I_L \leq 14\text{mA}$

思考：若 U_{OH} 无法高于 3.6V，应如何处理？

4. TTL 与非门平均传输延迟时间的测量

测量电路如图 3.2.11 所示。三个与非门构成环形振荡器，第四个与非门用于隔离和整形。用示波器观测输出振荡波形，并测出振荡周期 T，计算出平均传输延迟时间 T_Y。

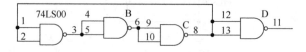

图 3.2.11　TTL 平均传输延迟时间测量图

5. TTL 与非门传输特性的测量

测量电路示意图如图 3.2.12 所示。输入端 A 加正弦电压 U_i（f=200Hz，U_{pp}：0～4V），示波器置 X-Y 显示模式。画出与非门电压传输特性曲线，并用示波器测出 U_{OH}、U_{OL}、U_{ON}、U_{OFF}，并与前面电压表数据相比较。

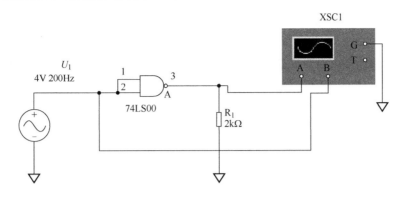

图 3.2.12 TTL 电压传输特性测量示意图

6. CMOS 反相器电压传输特性的测量

画出 CMOS 反相器电压传输特性曲线，并用示波器测出 U_{OH}、U_{OL}、U_{TH}。

7. 观测 CMOS 门电路带 TTL 门电路（当电源电压均为 5V 时）的情况

（1）当 CMOS 门电路的输出端带一个 TTL 门电路时：在 CMOS 门电路输入端分别输入高电平和低电平时，分别测量 CMOS 门电路输出端的电平。

（2）当 CMOS 门电路的输出端带四个 TTL 门电路时：在 CMOS 门电路输入端分别输入高电平和低电平时，分别测量 CMOS 门电路输出端的电平。

（3）观测 TTL 门电路带 CMOS 门电路（当电源电压分别为 5V、12V 时）的情况：在输入端 A 加入测试信号（f=10kHz），用示波器观察并记录 A、B、D 各点的波形，试说明此电路有何问题。

试在 B、C 之间利用三极管电路或门电路设计一接口电路，使输出端 D 的波形与输入端 A 同相。TTL 门电路带 CMOS 门电路的示意图如图 3.2.13 所示。

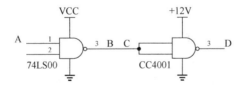

图 3.2.13 TTL 门电路带 CMOS 门电路

六、使用 TTL、CMOS 集成电路芯片的注意事项

1. 使用 TTL 集成电路芯片的注意事项

（1）TTL 集成电路芯片（以下简称 TTL 电路）的标准电源电压为 5V，使用时电源电压不能高于 5.5V。不能将电源与地颠倒错接，否则将会因为电流过大而烧毁集成电路芯片。

（2）集成电路芯片的各输入端不能直接与高于 5.5V 和低于-0.5V 的低内阻电源相连，因为低内阻电源能提供较大的电流，从而导致集成电路芯片过热而损坏。

（3）除三态门和集电极开路的电路外，集成电路芯片输出端不允许并联使用。

（4）集成电路芯片输出端不允许与电源和地短接，但可以通过电阻与电源相连，提高输出电平。

（5）在电源接通时，不要移动或插入集成电路芯片，因为电流的冲击可能造成集成电路芯片损坏。

（6）集成电路芯片多余的输入端最好不要悬空，因为悬空容易受干扰。有时会造成误操作，因此，多余输入端要根据需要处理，如与门、与非门的多余输入端可接到正电源，也可以将多余输入端和使用端并联使用；或门、或非门的多余输入端可以直接接地或与使用端并联使用。触发器不使用的输入端也不能悬空，应该根据逻辑功能接入电平，输入端连线应该尽量短，这样可以缩短时序电路中时钟信号沿导线传输的延迟时间。一般不允许用触发器的输出端直接驱动指示灯、电感负载和进行长线传输，需要时要加缓冲器。

2. 使用 CMOS 集成电路芯片时的注意事项

CMOS 集成电路芯片（以下简称 CMOS 电路）由于输入电阻很高，因此极易受静电电荷影响，为了防止静电击穿，生产 CMOS 电路时输入端都加了标准保护电路。但这并不能保证绝对安全，因此，使用 CMOS 电路时必须注意以下事项。

（1）存放 CMOS 电路时要注意静电屏蔽。

（2）CMOS 电路的电源电压范围是 3～18V，使用时电源电压的上限不得超过电路极限值 U_{max}，电源电压的下限不得低于系统速度所要求的电源电压最低值 U_{min}，更不能低于 U_{ss}。

（3）焊接 CMOS 电路引脚时，一般用 20W 内热式电烙铁，而且电烙铁应该有良好的接地。禁止在电路通电时焊接。

（4）为了防止输入端保护二极管因正向偏置而引起损坏，输入电压必须处在 U_{DD} 与 U_{ss} 之间。

（5）在调试含 CMOS 电路的电路时，应该先接通电源，后加入输入信号，即在电路本身没有接通电源的情况下，不准许有信号输入。

（6）CMOS 电路的多余输入端绝对不能悬空，否则电路不但容易受到外界噪声干扰，破坏正常的逻辑关系，也会消耗更多的功率。因此，应该根据电路的逻辑功能需要，对多余输入端加以处理。例如，与门和与非门的多余输入端应接到高电平或正电源，如果电路的工作速度不高，不需要特别考虑功率时，也可以将多余的输入端和使用端并联使用。上面所说的多余输入端，包括没有使用，但已接通电源的所有 CMOS 电路输入端。

（7）CMOS 电路的输入端不能短路，否则会造成 CMOS 管的损坏。

（8）CMOS 电路的工作电流比较小，其输出端一般只能驱动一级晶体管，如果需要驱动比较大的负载时，最简单的方法是在输出端并联接入几个非门，而且这些非门必须在同一集成电路芯片上。

（9）插拔电路板电源插头时，应该注意：先切断电源，防止在插拔过程中烧毁 CMOS 电路输入端的保护二极管。

七、实验报告要求

（1）画出与非门参数的各种测量电路。

（2）画出电压传输特性曲线。

（3）列表整理实验数据及测量结果。

3.3 实验三 集成逻辑电路的连接和驱动

一、实验目的

（1）掌握 TTL 及 CMOS 电路输入端与输出端特性。
（2）掌握集成逻辑电路相互衔接时应遵守的规则和实际衔接方法。

二、预习要求

（1）查阅所用集成电路芯片的引脚排列、功能及真值表，并写在预习报告中。
（2）用 MultiSim 软件对实验进行仿真和分析。
（3）自拟实验记录用的数据表格。
（4）熟悉所用集成电路芯片的引脚功能。

三、实验设备与元器件

仔细查看数字电路实验装置的结构，确认元器件的布局及使用方法。具体实验设备与元器件有：
（1）直流稳压电源。
（2）双踪示波器。
（3）数字万用表。
（4）实验箱。
（5）元器件：74LS00（2 个），CC4001，74HC00，电阻（100Ω，470Ω，3kΩ），电位器（47kΩ，10kΩ，4.7kΩ）。

四、实验原理

1. TTL 电路输入端与输出端特性

当 TTL 电路输入端为高电平时，输入电流是反向二极管的漏电流，电流极小，其方向是从外部流入输入端的；当输入端为低电平时，电流由电源端经内部电路流出输入端，电流较大，当与上一级电路衔接时，应以此判定上级电路应具有的负载能力。高电平输出电压在负载不大时为 3.5V 左右。低电平输出时，允许后级电路灌入电流，随着灌入电流的增加，输出的低电平将升高。一般 LS 系列 TTL 电路允许灌入 8mA 电流，即可吸收后级 20 个 LS 系列标准门电路的灌入电流。最大允许低电平输出电压为 0.4V。

2．CMOS 电路输入端与输出端特性

一般 CC 系列 CMOS 电路的输入阻抗极高，输入电容在 5pF 以下，输入高电平通常要求在 3.5V 以上，输入低电平通常为 1.5V 以下。因 CMOS 电路的输出结构具有对称性，故其对高、低电平具有相同的输出能力，且负载能力较小，仅可驱动少量的后级电路；当输出端负载很小时，输出的高电平将十分接近电源电压；输出的低电平将十分接近地电位。

高速 CMOS 电路 54/74HC 系列中的一个子系列为 54/74HCT，其输入电平与 TTL 电路完全相同，因此在相互取代时，不需要考虑电平的匹配问题。

3．集成逻辑电路的连接

在实际的数字电路系统中总是将一定数量的集成逻辑电路按需要前后连接起来。这时，前级电路的输出端将与后级电路的输入端相连并驱动后级电路工作。这就存在着电平匹配和负载能力匹配这两个需要妥善解决的问题。

可用下列几个表达式来说明连接时所要满足的条件（n 为后级门电路的数目，下标 O、I、H、L 分别表示输出、输入、高、低）：

U_{OH}（前级）$\geqslant U_{IH}$（后级）

U_{OL}（前级）$\leqslant U_{IL}$（后级）

I_{OH}（前级）$\geqslant n \times I_{IH}$（后级）

I_{OL}（前级）$\geqslant n \times I_{IL}$（后级）

（1）TTL 电路与 TTL 电路的连接。

由于 TTL 电路的所有系列产品的结构形式都相同，电平匹配比较方便，不需要外接元器件即可直接连接，不足之处是受低电平负载能力的限制。表 3.3.1 列出了 74 系列 TTL 电路的扇出系数。

表 3.3.1　74 系列 TTL 电路的扇出系数

	74LS00	74ALS00	7400	74L00	74S00
74LS00	20	40	5	40	5
74ALS00	20	40	5	40	5
7400	40	80	10	40	10
74L00	10	20	2	20	1
74S00	50	100	12	100	12

（2）TTL 电路驱动 CMOS 电路。

TTL 电路驱动 CMOS 电路时，由于 CMOS 电路的输入阻抗高，因此驱动电流一般不会受到限制，但在电平匹配问题上，低电平是可以匹配的，高电平匹配有困难，因为 TTL 电路在满载时，输出的高电平通常低于 CMOS 电路对输入高电平的要求。因此，为保证 TTL 电路输出高电平时后级的 CMOS 电路能可靠工作，通常要外接一提拉电阻，如图 3.3.1 中的 R 所示，使输出高电平达到 3.5V 以上，提拉电阻的取值为 2kΩ～6.2kΩ 较合适，这时 TTL 电路后级的 CMOS 电路的数目实际上是没有什么限制的。

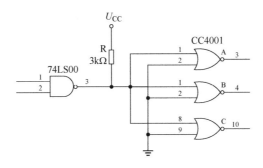

图 3.3.1　TTL 电路驱动 CMOS 电路示意图

（3）CMOS 电路驱动 TTL 电路。

CMOS 电路的输出电平能满足 TTL 电路对输入电平的要求，但驱动电流将受限制，主要看低电平时的负载能力。表 3.3.2 列出了一般 CMOS 电路驱动 TTL 电路时的扇出系数，从表中可见，除了 74HC 及 74HCT 系列，其他 CMOS 电路驱动 TTL 电路的能力都较低。

表 3.3.2　一般 CMOS 电路驱动 TTL 电路时的扇出系数

	LS-TTL	L-TTL	TTL	ASL-TTL
CC4000 系列	1	2	0	2
MC4000 系列	1	2	0	2
74HC 及 74HCT 系列	10	20	2	20

使用的产品驱动能力不够时，可采用以下两种方法：①采用 CMOS 驱动器，例如，CC4049 和 CC4050 是专为提供较强驱动能力而设计的 CMOS 电路。②将几个同功能的 CMOS 电路并联使用，即将其输入端并联，输出端并联（TTL 电路是不允许引脚并联的）。

（4）CMOS 电路之间的连接。

CMOS 电路之间的连接十分方便，不需要另加外接元器件。从直流参数来看，一个 CMOS 电路可带动的 CMOS 电路的数量是不受限制的。但在实际使用时，应当考虑后级电路输入电容对前级电路的传输速度的影响，电容量太大时，传输速度要下降。因此在高速电路中要从负载电容的角度来考虑，如 CC4000T 系列 CMOS 电路在 10MHz 以上的电路中运用时应限制在 20 个以下。

五、实验内容

1. 测试 74LS00 及 CC4001 的输出特性

74LS00 及 CC4001 的引脚排列如图 3.3.2 所示。测试电路示意图如图 3.3.3 所示，图中以与非门 74LS00 为例，画出了高、低电平两种输出状态下输出特性的测量方法。改变电位器 R_w 的阻值，可获得输出特性曲线，R 为限流电阻。

（1）测试 74LS00 的输出特性。

在实验装置的合适位置选取一个 14P 插座，插入 74LS00，R 的阻值为 100Ω。高电平输出时，R_w 的阻值取 47kΩ，低电平输出时，R_w 的阻值取 10kΩ。高电平测试时应测量空载到最小允许高电平(2.7V)之间的一系列点;低电平测试时应测量空载到最大允许低电平(0.4V)之间的一系列点。

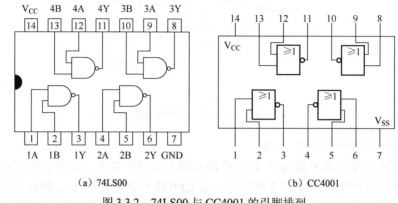

图 3.3.2　74LS00 与 CC4001 的引脚排列

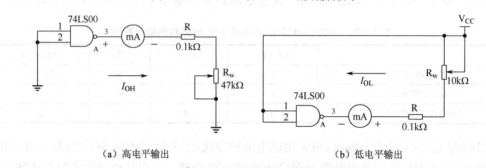

（a）高电平输出　　　　　　　　　　　　　（b）低电平输出

图 3.3.3　测试电路示意图

（2）测试 CC4001 的输出特性。

测试时 R 的阻值为 470Ω，R_w 的阻值取 4.7kΩ。高电平测试时应测量从空载到输出电平降到 4.6V 为止的一系列值；低电平测试时应测量从空载到输出电平升到 0.4V 为止的一系列值。

2. TTL 电路驱动 CMOS 电路

用 74LS00 的一个门电路来驱动 CC4001 的四个门电路，实验电路如图 3.3.1 所示，R 取 3kΩ。测量连接与不连接 3kΩ 电阻时 74LS00 的输出高、低电平及 CC4001 的逻辑功能。

3. CMOS 电路驱动 TTL 电路

电路示意图如图 3.3.4 所示，被驱动的电路由 74LS00 的八个门电路并联组成。

电路的输入端接逻辑开关输出插口，八个输出端分别接逻辑电平显示的输入插口。先用 CC4001 的一个门电路来驱动，观测 CC4001 的输出电平和 74LS00 的逻辑功能（测试时 CC4001 分别接 A、B 端；74LS00 的 C、D 端分别断开和连接）。然后将 CC4001 的其余三个门电路逐一并联到第一个门电路上（输入端与输入端并联，输出端与输出端并联），分别观察 CC4001 的输出电平及 74LS00 的逻辑功能。最后用 74HC00 代替 CC4001，测试其输出电平及系统的逻辑功能。

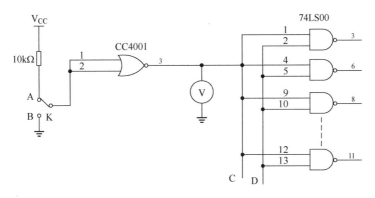

图 3.3.4　CMOS 电路驱动 TTL 电路示意图

六、实验报告

（1）整理实验数据，画出输出特性曲线，并加以分析。

（2）通过本次实验，你对不同集成电路芯片的连接得出什么结论？

3.4　实验四　三态门和 OC 门

一、实验目的

（1）掌握集电极开路门（OC 门）的逻辑功能测试方法。

（2）掌握三态门（缓冲器）逻辑功能测试及其数据传输的原理。

二、预习要求

（1）熟练使用仿真软件 MultiSim 进行仿真。

（2）查出 7401 和 74LS244 的引脚图，在明确实验内容的前提下，拟定 OC 门和三态门逻辑功能测试电路，以及相应的数据表格。

（3）拟定逻辑电平转换功能测试电路，并列出记录表格。

（4）查看有关数据传输的内容。

三、实验设备与元器件

仔细查看数字电路实验装置的结构，确认元器件的布局及使用方法。具体实验设备与元器件有：

（1）直流稳压电源。

（2）双踪示波器。

（3）电压表。

（4）实验箱。

（5）元器件：74LS244、7401、电阻（10kΩ）。

四、实验内容

图 3.4.1 是 7401 集成 OC 门电路与 74LS244 三态门的引脚图。

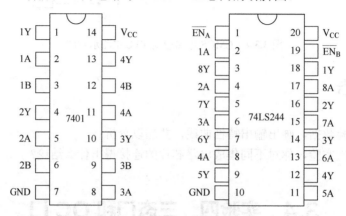

图 3.4.1　7401、74LS244 的引脚图

1．7401 的逻辑功能测试

按图 3.4.2 搭接电路，按要求分别输入逻辑高、低电平，用电压表测出在不同条件下的输出电平，并用逻辑电平指示灯指示其输出电平的高低，记于表 3.4.1。

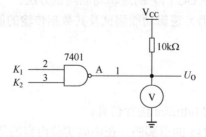

图 3.4.2　7401 的逻辑功能测试

表 3.4.1　7401 的逻辑功能测试

输入		输出
K_2	K_1	U_O

2．74LS244 的逻辑功能测试

按图 3.4.3 搭接电路，在使能端输入不同的控制逻辑电平，在输出端分别测量输入逻辑高、低电平时的输出电平，并测出高阻时 74LS244 的内阻，记于表 3.4.2。

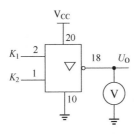

图 3.4.3　74LS244 的逻辑功能测试

表 3.4.2　74LS244 的逻辑功能测试

EN 使能	数据输入	输出
K_2	K_1	U_0

3．数据传输

在一些复杂的数字电路系统中，为了减少导线的数量，会在同一条导线上分时传递若干门电路的传输信号，这时就可以用三态门来实现，典型的电路接法如图 3.4.4（a）所示。只要使控制各门的 EN 端轮流为 1，而且任何时刻最多仅有一个 EN 端为 1，就可以把各门电路的输出信号轮流送到公共的传输线——总线上而互不干扰（总线结构）。利用三态门还可以实现数据的双向传输。在图 3.4.4（b）中，EN=1 时，G_1 工作而 G_2 为高阻态。数据从 DO 进入电路，经 G_1 反相后送到总线上去。当 EN=0 时，G_2 工作而 G_1 为高阻态，总线上的数据经 G_2 反相后从 DI 端送出。

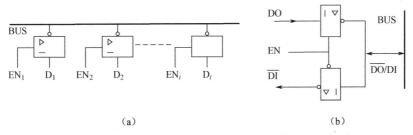

图 3.4.4　三态门构成的总线及双向数据传输电路示意图

（1）总线传输：实验电路示意图如图 3.4.5 所示，74LS244 的两个 EN 端分别接逻辑开关 S_9、$\overline{S_9}$，设输入的两数据分别为 1010（从 $S_1 \sim S_4$ 端输入）和 0101（从 $S_5 \sim S_8$ 端输入），控制端 S_9 处于不同状态时，输出端可分时传送这两组数据（四位）。实验数据记于表 3.4.3。

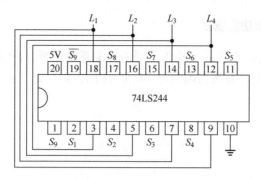

图 3.4.5　总线传输实验电路示意图

表 3.4.3　总线传输实验数据

EN	输出			
	L_1	L_2	L_3	L_4
$S_9=1$				
$S_9=0$				

（2）双向传输：实验电路示意图如图 3.4.6 所示，记录数据的传输情况于表 3.4.4。

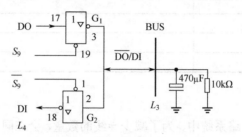

图 3.4.6　双向传输实验电路示意图

表 3.4.4　双向传输实验数据

EN	输入	输出	
	DO	L_3	L_4
$S_9=1$	0		
$S_9=0$			
$S_9=1$	1		
$S_9=0$			

五、实验报告

包括如下内容。

（1）实验步骤和电路图。

（2）实验数据及波形记录。

（3）对实验数据的分析及思考。

3.5　实验五　译码器及其应用

一、实验目的

（1）掌握中规模集成译码器的逻辑功能和使用方法。

（2）熟悉七段数码管的使用。

二、实验预习要求

（1）复习教材中有关译码器和分配器的内容。

（2）查阅所用集成电路芯片的引脚排列、功能及真值表，并写在预习报告中。

（3）用 MultiSim 软件对实验电路进行仿真和分析。

（4）根据实验任务，设计出所需的实验电路及记录表格。

三、实验原理

译码器用于多输入、多输出的组合逻辑电路。它的作用是将给定的代码进行"翻译"，变成相应的状态，使输出通道中相应的一路有信号输出。译码器在数字电路系统中有广泛的应用，不仅用于代码的转换及终端的数字显示，还用于数据分配、存储器寻址和组合控制信号等。要实现不同的功能，可选用不同种类的译码器。

译码器分为通用译码器和显示译码器两大类，前者又分为变量译码器和代码变换译码器。

1. 变量译码器（又称二进制译码器）

变量译码器用以表示输入变量的状态，有 2 线-4 线、3 线-8 线和 4 线-16 线译码器等，若有 n 个输入变量，则有 2^n 个不同的组合状态，对应 2^n 个输出端。而每一路输出所代表的函数对应于 n 个输入变量的一个最小项。

以 3 线-8 线译码器 74LS138 为例进行分析。图 3.5.1 为其逻辑图及引脚排列，其中 A_2、A_1、A_0 为地址输入端；$\overline{Y_0} \sim \overline{Y_7}$ 为译码输出端，E_3、$\overline{E_2}$、$\overline{E_1}$ 为使能端。

当 $E_3=1$ 且 $\overline{E_2}+\overline{E_1}=0$ 时，元器件使能，地址码所指定的输出端有信号输出（为 0），其他所有输出端均无信号输出（全为 1）。当 $E_3=0$ 或 $\overline{E_2}+\overline{E_1}=1$ 时，译码器被禁用，所有输出端同时为 1。二进制译码器实际上也是输出负脉冲的脉冲分配器。若利用使能端中的一个输入数据信息，该元器件就成为一个数据分配器（又称多路分配器），如图 3.5.2 所示。若在 E_3 输入端输入数据信息，$\overline{E_2}=\overline{E_1}=0$，地址码所对应的输出是 E_3 输入端输入数据信息的反码；若从 $\overline{E_2}$ 端输入数据信息，令 $E_3=1$，$\overline{E_1}=0$，地址码所对应的输出就是 $\overline{E_2}$ 端数据信息的原码。

若数据信息是时钟脉冲，则数据分配器便成为时钟脉冲分配器。

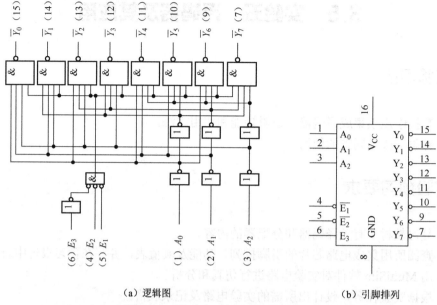

（a）逻辑图　　　　　　　　　　　　　（b）引脚排列

图 3.5.1　74LS138 逻辑图及引脚排列

若要根据输入地址码的不同组合译出唯一地址，可将译码器用作地址译码器。将译码器接成多路分配器，可将一个信号源的数据信息传输到不同的地点。

二进制译码器还能方便地实现逻辑函数，如图 3.5.3 所示，实现的逻辑函数是：

$$Z = \overline{A}\,\overline{B}\,C + \overline{A}B\overline{C} + A\overline{B}\,\overline{C} + ABC$$

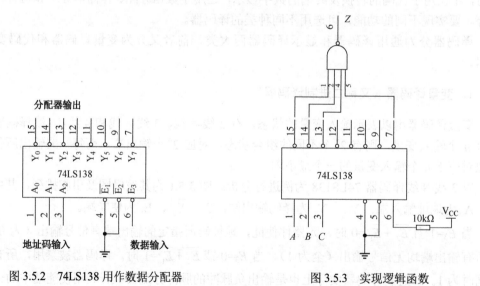

图 3.5.2　74LS138 用作数据分配器　　　　　　图 3.5.3　实现逻辑函数

利用使能端能方便地将两个 3 线-8 线译码器组合成一个 4 线-16 线译码器。

2. 数码显示译码器

（1）七段数码管（LED）。

七段数码管是目前最常用的数字显示器，图 3.5.4（a）及（b）所示为共阴极连接和共阳极连接的电路，图 3.5.4（c）为两种不同出线形式的引脚功能图。

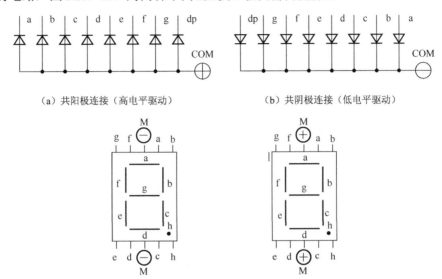

（a）共阳极连接（高电平驱动）　　　　　　（b）共阴极连接（低电平驱动）

（c）两种不同出线形式的引脚功能图

图 3.5.4　七段数码管

一个七段数码管可用来显示一位十进制数（0～9）或一个小数点。小型七段数码管（0.5寸和 0.36 寸）中每段发光二极管的正向压降随显示光的颜色（通常为红、绿、黄、橙色）不同略有差别，通常约为 2～2.5V，每个发光二极管的点亮电流在 5～10mA 之间。七段数码管要显示 BCD 码所表示的十进制数字就需要有一个专门的译码器，该译码器不但要完成译码功能，还要有相当的驱动能力。

（2）BCD 码七段译码驱动器。

BCD 码七段译码驱动器型号有 74LS47（共阳极）、74LS48（共阴极）、CC4511（共阴极）等，本实验采用 CC4511 驱动共阴极七段数码管。

如图 3.5.5 所示为 CC4511 的引脚排列。其中 A～D 为 BCD 码输入端；a～g 为译码输出端，输出 1 有效，用来驱动共阴极七段数码管；$\overline{\text{LT}}$ 为测试输入端，$\overline{\text{LT}}$ =0 时译码输出全为1；$\overline{\text{BI}}$ 为消隐输入端，$\overline{\text{BI}}$ =0 时译码输出全为 0；LE 为锁定端，LE=1 时译码器处于锁定（保持）状态，输出保持在 LE=0 时的数值，LE=0 时为正常译码状态。

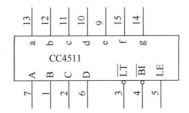

图 3.5.5　CC4511 的引脚排列

　　CC4511 内接有上拉电阻，故只需要在输出端与七段数码管引脚之间串联限流电阻，CC4511 即可工作。译码器还有拒伪码功能，当输入码不在 0000～1001 范围内时，输出全为 0，七段数码管熄灭。

　　完成译码器 CC4511 和七段数码管之间的连接后，实验时，只要接通+5V 电源和将十进制数的 BCD 码发至译码器的相应输入端 A～D，即可显示 0～9 的数字。四位七段数码管可接收四组 BCD 码输入。CC4511 与七段数码管的连接如图 3.5.6 所示。

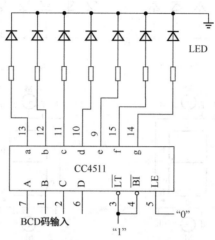

图 3.5.6　CC4511 与七段数码管的连接

四、实验设备与元器件

　　仔细查看数字电路实验装置的结构，以及元器件位置的布局及使用方法。具体实验设备与元器件有：

　　（1）直流稳压电源。

　　（2）双踪示波器。

　　（3）数字万用表。

　　（4）实验箱。

　　（5）元器件：74LS138（2 个），CC4511，共阴极七段数码管。

五、实验内容

1. 数据拨码开关的使用

　　将实验装置上的四组拨码开关的输出端 A～D 分别接至 CC4511 的四组对应输入口，将 LE、$\overline{BI}$、$\overline{LT}$ 接至三个逻辑开关的输出口，接上+5V 显示器的电源。按 CC4511 功能表输入要求，按动四个数码的增减键（"+"与"–"键），操作与 LE、$\overline{BI}$、$\overline{LT}$ 对应的三个逻辑开关，观测拨码开关对应的四位数与七段数码管显示的数字是否一致，以及译码显示是否正常。

2. 74LS138 译码器逻辑功能测试

将译码器使能端 $\overline{E_1}$、$\overline{E_2}$、E_3 及地址端 A_2、A_1、A_0 分别接至逻辑电平开关输出口,将八个输出端 $\overline{Y_0} \sim \overline{Y_7}$ 依次连接在逻辑电平显示器的八个输入口上,拨动逻辑电平开关,按 74LS138 功能表逐项测试 74LS138 的逻辑功能。

3. 用 74LS138 构成时序脉冲分配器

参照图 3.5.2 和实验原理说明,时钟脉冲 CP 的频率约为 10kHz,要求分配器输出端 $\overline{Y_0} \sim \overline{Y_7}$ 的信号与 CP 输入信号同相。

4. 画出分配器的实验电路

在地址端 A_2、A_1、A_0 分别取 000~111 共 8 种不同状态时,用示波器观察和记录 $\overline{Y_0} \sim \overline{Y_7}$ 端的输出波形,注意输出波形与 CP 输入波形之间的相位关系。

5. 用两片 74LS138 组合成一个 4 线-16 线译码器并进行实验

六、实验报告

(1)画出实验电路,把观察到的波形画在坐标纸上,并标上对应的地址码。
(2)对实验结果进行分析、讨论。

3.6　实验六　数据选择器及其应用

一、实验目的

(1)掌握中规模集成数据选择器的逻辑功能及使用方法。
(2)学习用数据选择器构成组合逻辑电路的方法。

二、预习内容

(1)复习数据选择器的工作原理。
(2)查阅所用集成电路芯片的引脚排列、功能及真值表,并写在预习报告中。
(3)用数据选择器对实验内容中各函数表达式进行预设计。
(4)用 MultiSim 软件对实验进行仿真和分析。

三、实验设备与元器件

仔细查看数字电路实验装置的结构,确认元器件的布局及使用方法。具体实验设备与元器件有：

（1）直流稳压电源。

（2）双踪示波器。

（3）数字万用表。

（4）实验箱。

（5）元器件：74LS151（或 CC4512）。

四、实验原理

数据选择器又叫"多路开关"。数据选择器在地址码（或叫选择控制）电位的控制下，从几个数据输入中选择一个并将其送到一个公共的输出端。数据选择器的功能类似一个多掷开关，其内部结构示意图如图 3.6.1 所示（以 4 选 1 数据选择器为例），它有四个数据输入端 $D_0 \sim D_3$ 及两个控制端 A_1、A_0，使用时，通过在控制端输入地址码，从四路数据中选中某一路数据送至输出端 Q。

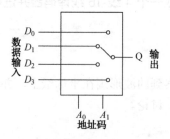

图 3.6.1　4 选 1 数据选择器内部结构示意图

数据选择器为目前逻辑设计中应用十分广泛的逻辑部件，有 2 选 1、4 选 1、8 选 1、16 选 1 等类别。数据选择器的电路结构一般由与或门阵列组成，也有用传输门开关和门电路混合而成的。

1. 8 选 1 数据选择器 74LS151

74LS151 为互补输出的 8 选 1 数据选择器，其引脚排列如图 3.6.2 所示，功能表如表 3.6.1 所示。

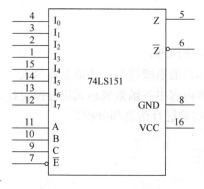

图 3.6.2　74LS151 引脚排列

表 3.6.1　74LS151 的功能表

输入				输出	
$\overline{E}$	C	B	A	Z	$\overline{Z}$
1	×	×	×	0	1
0	0	0	0	D_0	$\overline{D_0}$
0	0	0	1	D_1	$\overline{D_1}$
0	0	1	0	D_2	$\overline{D_2}$
0	0	1	1	D_3	$\overline{D_3}$
0	1	0	0	D_4	$\overline{D_4}$
0	1	0	1	D_5	$\overline{D_5}$
0	1	1	0	D_6	$\overline{D_6}$
0	1	1	1	D_7	$\overline{D_7}$

选择控制端（地址端）为 C、B、A，按二进制译码，从 8 个输入数据 $I_0 \sim I_7$ 中选择 1 个需要的数据送到输出端 Z，$\overline{E}$ 为使能端，低电平有效。

（1）使能端 $\overline{E}$ 的状态为 1 时，不论地址段状态如何，均无输出（$Z=0$，$\overline{Z}=1$），数据选择器被禁止。

（2）使能端 $\overline{E}$ 的状态为 0 时，数据选择器正常工作，根据地址端 C、B、A 的状态选择 $I_0 \sim I_7$ 中某一个数据送到输出端 Z。例如，$CBA=000$，则选择 I_0 数据到输出端，即 $Z=I_0$；$CBA=001$ 则选择 I_1 数据到输出端，即 $Z=I_1$，以此类推。

2. 数据选择器的应用：实现逻辑函数

用 8 选 1 数据选择器 74LS151 实现函数 $F = A\overline{B} + \overline{A}C + B\overline{C}$。

采用 74LS151 可实现任意 3 个输入变量的组合逻辑函数。

写出函数 F 的功能表，如表 3.6.2 所示。将函数 F 的功能表与 74LS151 的功能表比较可知：

①将输入变量 C、B、A 作为 74LS151 的地址码 C、B、A。

②使 74LS151 的各数据输入 $I_0 \sim I_7$ 分别与函数 F 的输出值一一对应。即：$I_0=I_7=0$，$I_1=I_2=I_3=I_4=I_5=I_6=1$，则 74LS151 的输出 Q 便实现了函数 $F = A\overline{B} + \overline{A}C + B\overline{C}$。接线图如图 3.6.3 所示。

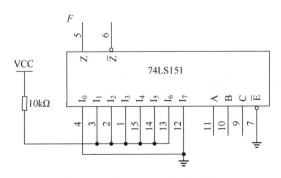

图 3.6.3　用 74LS151 实现函数 F

表 3.6.2　函数 F 的功能表

输入			输出
C	B	A	F
0	0	0	0
0	0	1	1
0	1	0	1
0	1	1	1
1	0	0	1
1	0	1	1
1	1	0	1
1	1	1	0

　　显然，采用具有多个地址端的数据选择器实现多变量的逻辑函数时，应将函数的输入变量加到数据选择器的地址端，数据选择器的数据输入端按次序以逻辑函数的输出值来赋值。

五、实验内容

　　（1）测试数据选择器 74LS151 的逻辑功能：将 74LS151 的地址端 C、B、A，数据端 $I_0 \sim I_7$ 及使能端 $\overline{E}$ 接数据开关，输出端 Z 接发光二极管电平显示器，按 74LS151 功能表逐项进行测试，记录测试结果。

　　（2）用 74LS151 设计三输入多数表决电路：

　　①写出设计过程。

　　②画出接线图。

　　③验证逻辑功能。

　　（3）用 74LS151 实现逻辑函数 $F = \overline{A}BC + A\overline{B}C + ABC$

　　①写出设计过程。

　　②画出接线图。

　　③验证逻辑功能。

六、实验报告

　　（1）用数据选择器对实验内容进行设计：写出设计全过程，画出接线图，进行逻辑功能测试。

　　（2）总结实验收获、体会。

3.7 实验七 触发器及其应用

一、实验目的

（1）掌握基本 RS 触发器、JK 触发器、D 触发器和 T 触发器的逻辑功能。

（2）掌握集成触发器的逻辑功能及使用方法。注意"边沿触发"与"电平触发"，"同步"与"异步"两组概念的区别。

（3）熟悉触发器之间相互转换的方法。

二、实验预习要求

（1）复习教材中有关触发器的内容。

（2）查阅所用集成电路芯片的引脚排列、功能及真值表，并写在预习报告中。

（3）根据实验任务，列出各触发器功能测试表格。

（4）按实验内容的要求设计出所需的实验电路。

（5）用 MultiSim 软件对实验电路进行仿真和分析。

三、实验设备与元器件

仔细查看数字电路实验装置的结构，确认元器件的布局及使用方法。具体实验设备与元器件有：

（1）直流稳压电源。

（2）双踪示波器。

（3）数字万用表。

（4）实验箱。

（5）元器件：74LS112、74LS00、74LS74。

四、实验原理

触发器具有两个稳定状态，用以表示逻辑状态 1 和 0，在一定的外界信号作用下，触发器可以从一个稳定状态翻转到另一个稳定状态，它是一个具有记忆功能的二进制信息存储元器件，是构成各种时序电路的最基本的逻辑单元。

1. 基本 RS 触发器

图 3.7.1 为由两个与非门交叉耦合构成的基本 RS 触发器，它是无时钟信号控制的低电

平直接触发的触发器，其功能表如表 3.7.1 所示。基本 RS 触发器具有清零、置 1 和"保持"三种功能。通常称 $\overline{S}$ 为置 1 信号，因为 $\overline{S}$ =0（$\overline{R}$ =1）时触发器输出被置 1；$\overline{R}$ 为清零信号，因为 $\overline{R}$ =0（$\overline{S}$ =1）时触发器输出被清零；当 $\overline{S}=\overline{R}$ =1 时触发器输出状态保持不变；$\overline{S}=\overline{R}$ =0 时，触发器状态不定，使用时应避免此种情况发生。

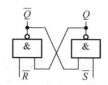

图 3.7.1　基本 RS 触发器

表 3.7.1　基本 RS 触发器功能表

输入		输出	
$\overline{S}$	$\overline{R}$	Q^{n+1}	$\overline{Q^{n+1}}$
0	1	1	0
1	0	0	1
1	1	Q^n	$\overline{Q^n}$
0	0	×	×

2. JK 触发器

在双输入触发器中，JK 触发器是功能完善、使用灵活和通用性较强的一种触发器。本实验采用的 74LS112 双 JK 触发器是下降边沿触发的边沿触发器，其引脚排列及逻辑符号如图 3.7.2 所示。J 和 K 是数据输入端，是触发器状态更新的依据。若 J、K 端连接两个或两个以上输入端时，这些输入端组成"与"的关系。Q 与 $\overline{Q}$ 为两个互补输出端。通常把 Q=0、$\overline{Q}$=1 定为 0 状态；而把 Q=1、$\overline{Q}$=0 定为 1 状态。

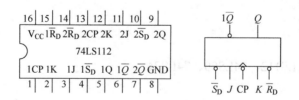

图 3.7.2　74LS112 引脚排列及逻辑符号

JK 触发器的状态方程为：

$$Q^{n+1} = J\overline{Q^n} + \overline{K}Q^n$$

下降沿触发的 JK 触发器的功能表如表 3.7.2 所示。JK 触发器常被用作缓冲存储器、移位寄存器和计数器。

表 3.7.2　JK 触发器功能表

输入					输出	
$\overline{S_D}$	$\overline{R_D}$	CP	J	K	Q^{n+1}	$\overline{Q^{n+1}}$
0	1	×	×	×	1	0
1	0	×	×	×	0	1
0	0	×	×	×	×	×
1	1	↓	0	0	Q^n	$\overline{Q^n}$
1	1	↓	1	0	1	0
1	1	↓	0	1	0	1
1	1	↓	1	1	$\overline{Q^n}$	Q^n
1	1	↑	×	×	Q^n	$\overline{Q^n}$

3．D 触发器

在输入信号端为单端的情况下，D 触发器用起来最为方便，其状态方程为

$$Q^{n+1}=D^n$$

D 触发器输出状态的更新发生在 CP 脉冲的上升沿,故又称为上升沿触发的边沿触发器,D 触发器的状态只取决于 CP 脉冲到来前 D 端的状态。

D 触发器的应用很广，可用作数字信号的寄存、移位寄存、分频和波形发生等。D 触发器的型号很多，如双 D 触发器 74LS74、四 D 触发器 74LS175、六 D 触发器 74LS174 等。图 3.7.3 为双 D 触发器 74LS74 的引脚排列及逻辑符号，其功能表如表 3.7.3 所示。

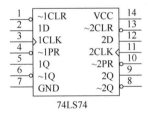 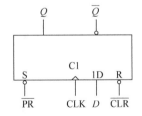

图 3.7.3　74LS74 引脚排列及逻辑符号

表 3.7.3　74LS74 的功能表

输入				输出	
$\overline{PR}$	$\overline{CLR}$	CP（CLK）	D	Q^{n+1}	$\overline{Q^{n+1}}$
0	1	×	×	1	0
1	0	×	×	0	1
0	0	×	×	×	×
1	1	↑	1	1	0
1	1	↑	0	0	1
1	1	↓	×	Q^n	$\overline{Q^n}$

4. 触发器之间的相互转换

在集成触发器产品中，每一种触发器都有自己固定的逻辑功能。但可以利用转换的方法获得具有其他功能的触发器。例如，将 JK 触发器的 J、K 两端连在一起，称为 T 端，就得到 T 触发器，其逻辑结构如图 3.7.4（a）所示，其状态方程为：

$$Q^{n+1} = T\overline{Q^n} + \overline{T}Q^n$$

T 触发器的功能表如表 3.7.4 所示。由功能表可见，当 $T=0$ 时，经 CP 脉冲作用后，其状态保持不变；当 $T=1$ 时，经 CP 脉冲作用后，T 触发器状态翻转。所以，若将 T 触发器的 T 端状态置 1。如图 3.7.4（b）所示，即得 T′ 触发器。在 T′ 触发器的 CP 端，每来一个 CP 脉冲，T′ 触发器的状态就翻转一次，故称之为反转触发器，广泛用于计数器中。

同样，若将 D 触发器的 $\overline{Q}$ 端与 D 端相连，便转换成 T′ 触发器，JK 触发器也可转换为 D 触发器。

表 3.7.4 T 触发器的功能表

输入				输出
$\overline{S_D}$	$\overline{R_D}$	CP	T	Q^{n+1}
0	1	×	×	1
1	0	×	×	0
1	1	↓	0	Q^n
1	1	↓	1	$\overline{Q^n}$

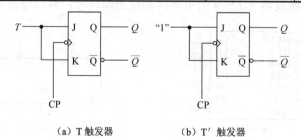

（a）T 触发器 （b）T′ 触发器

图 3.7.4 JK 触发器转换为 T 触发器和 T′ 触发器

5. 按键消抖电路

通常的按键所用开关为机械弹性开关，当我们按下、松开按键时，由于机械触点的弹性作用，机械弹性开关在闭合时不会马上稳定地接通，在断开时也不会瞬间干脆地断开，而是在闭合及断开的瞬间均伴随一连串的抖动，如图 3.7.5 所示。为了不产生这种现象而采取的措施就是按键消抖。

整个按下按键的过程中，前沿抖动（按下抖动）和后沿抖动（释放抖动）时间的长短由按键的机械特性决定，一般为 5～10ms。这是一个很重要的时间参数，在很多场合都要用到。按键稳定闭合时间的长短则是由操作人员的按键动作决定的，一般为零点几秒至数秒。按键抖动会导致一次按键动作被电路误读多次。为确保对按键的一次闭合仅进行一次处理，必须消除按键抖动带来的影响。在按键闭合稳定时读取按键的状态，并且必须确定按键释放稳定后再处理。

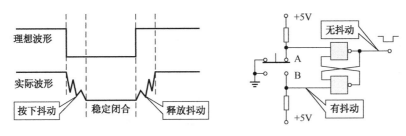

图 3.7.5　按键抖动示意图

6. 抢答器

抢答器是一种在知识竞赛、文体娱乐活动（抢答活动）中，能准确、公正、直观地判断出抢答者的机器。通过抢答者所处位置的指示灯显示、声音提醒、数字显示等手段显示出抢答违规者或者抢答成功者。一般抢答器都只需要筛选出抢答成功者。

五、实验内容

1. 测试双 JK 触发器 74LS112 的逻辑功能

（1）测试 $\overline{R_D}$、$\overline{S_D}$ 的复位及置位功能。

将 74LS112 的 $\overline{R_D}$、$\overline{S_D}$、J、K 端接数据开关输出插口，CP 端接逻辑开关，Q、$\overline{Q}$ 端接至 LED 电平显示输入插口。要求改变 $\overline{R_D}$、$\overline{S_D}$（J、K、CP 端处于任意状态），并在 $\overline{R_D}$ =0（$\overline{S_D}$ =1）或 $\overline{S_D}$ =0（$\overline{R_D}$ =1）作用期间任意改变 J、K 及 CP 端的状态，观察 Q、$\overline{Q}$ 端的状态。自拟表格并记录之。

（2）测试 JK 触发器的逻辑功能。

按表 3.7.5 的要求改变 J、K 及 CP 端的状态，观察 Q 端状态变化，观察触发器状态更新是否发生在 CP 脉冲的下降沿（即 CP 端电平由高到低），记录之。

表 3.7.5　实验数据记录

J	K	CP	Q^{n+1}	
			$Q^n=0$	$Q^n=1$
0	0	0→1		
		1→0		
0	1	0→1		
		1→0		
1	0	0→1		
		1→0		
1	1	0→1		
		1→0		

（3）将 JK 触发器的 J、K 端连在一起，构成 T′ 触发器。

在 CP 端输入 1Hz 连续脉冲，观察 Q 端的变化。

在 CP 端输入 1kHz 连续脉冲，用双踪示波器观察 CP、Q 及 $\bar{Q}$ 端波形，注意相位关系，在坐标纸上描绘出波形图。

（4）用 74LS112 设计一个同步四进制加法计数器。

（5）用 74LS74 设计一个异步四进制加法计数器。

（6）用 74LS74 和必要的门电路设计一个按键消抖电路。

（7）用 74LS74 和必要的门电路设计一个四人抢答器电路。

电路功能要求：①抢答开始前，主持人清除上一轮抢答结果。

②主持人发出抢答信号，抢答开始，记录抢答结果。

③重复以上两步，验证抢答器功能。

（8）搭建乒乓球练习电路，模拟两名运动员在练球时乒乓球的往返运转。

提示：采用双 D 触发器 74LS74 设计实验电路，由两人分别控制电路。设甲对应触发器输出端 Q_1，乙对应触发器输出端 Q_2，甲"击球"时 Q_2 有输出，乙"击球"时 Q_1 有输出。由门电路构成控制电路，控制两触发器的 CP 脉冲端，当甲"击球"时，门控电路产生一个脉冲信号，即给触发器一个 CP 脉冲，使触发器状态发生翻转，同时门控电路封锁乙的输入，使乙无法"击球"，同样，乙"击球"时，门控电路又给触发器一个 CP 脉冲，使触发器状态再次发生翻转，同时门控电路又封锁甲的输入，使之无法"击球"，如此反复，即能模拟甲、乙两运动员在练球时乒乓球的往返运动。甲、乙两运动员的击球动作由实验箱上数据开关提供，触发器的输出状态用 LED 电平显示器显示。

六、实验报告

（1）列表整理各类触发器的逻辑功能。

（2）总结观察到的波形，说明触发器的触发方式。

（3）体会触发器的应用。

（4）由普通的机械弹性开关组成的数据开关所产生的信号是否可作为触发器的 CP 脉冲信号？为什么？由普通的机械弹性开关组成的数据开关是否可以用作触发器的其他输入端的信号？为什么？

3.8 实验八 计数器及其应用

一、实验目的

（1）学习用集成触发器构成计数器的方法。

（2）掌握中规模集成计数器的使用及功能测试方法。

（3）掌握用多片集成计数器扩展计数范围的基本方法。

二、实验预习要求

（1）复习教材中有关计数器部分内容。

（2）查阅所用集成电路芯片的引脚排列、功能及真值表，并写在预习报告中。

（3）绘出各实验内容的详细电路图。

（4）拟出各实验内容所需的测试记录表格。

（5）熟练使用仿真软件 MultiSim 进行仿真。

三、实验设备与元器件

仔细查看数字电路实验装置的结构，确认元器件的布局及使用方法。

具体实验设备与元器件有：

（1）直流稳压电源。

（2）双踪示波器。

（3）数字万用表。

（4）实验箱。

（5）元器件：74LS161（2 个）、74LS00、74LS20。

四、实验原理

计数器是在数字电路中使用得较多的一种元器件，它的主要功能是记录输入时钟脉冲的个数，除计数外，计数器还常用于分频、定时、产生脉冲及进行数字运算等。

我们把计数器在其计数范围内所产生的状态数目称为模，由 n 个触发器构成的计数器，其模值 M 应满足 $M \leqslant 2^n$ 的关系。表 3.8.1 给出了常用计数器按模值的分类。

表 3.8.1　常用计数器按模值的分类

名称	模值	编码方式	自启动情况	
二进制计数器	$M=2^n$	二进制码	无多余状态，能自启动	
十进制计数器	$M=10$	BCD 码	有 6 个多余状态	要检查能否自启动
任意进制计数器	$M \leqslant 2^n$	多个方式	有 2^n-M 个多余状态	
环形计数器	$M=n$	每个状态中只有一个 1（0）	有 2^n-n 个多余状态	
扭环形计数器	$M=2n$	循环码	有 2^n-2n 个多余状态	

除了按模值把计数器分为二进制计数器、二—十进制计数器、循环码计数器等，计数器还可按其他标准分类，例如，计数器按时钟控制方式可分为异步计数器和同步计数器两类；按计数增减趋势又可分为加计数器、减计数器、可逆计数器三类；此外还有可预置数和可编程的计数器等。目前，无论是 TTL 还是 CMOS 集成电路芯片，都有品种较齐全的中规模集成计数器。使用者借助元器件手册提供的功能表、工作波形图及引脚排列说明，就可以正确地理解和应用这些元器件。

计数器的工作过程和分频器相似，也是在输入脉冲作用下完成若干个状态的循环，但分频器主要用来降低信号的频率，它对状态的编码和顺序不关心，而计数器通常对状态顺序有严格要求。

1. 常用的 MSI 集成计数器

1）异步计数器（74LS90、74LS92、74LS93）

异步计数器的特点是计数器内部的时钟信号不在同一时刻发生，由于各触发器状态不是同时翻转的，因此异步计数器的工作速度较慢。

74LS90 由一个二进制计数器和一个五进制计数器构成，它有两个时钟输入端：CP_0 和 CP_1，CP_0 和 Q_0 组成二进制计数器，$Q_3 \sim Q_1$ 和 CP_1 组成五进制计数器，两者配合可实现二进制、五进制和十进制的多种加计数功能，所以 74LS90 也叫作二/五/十进制加计数器，74LS90 还有两个直接清零端和两个直接置位端，其功能表如表 3.8.2 所示，由表可知，通过不同的连接方式，74LS90 可以实现多种不同的逻辑功能。

表 3.8.2 74LS90 功能表

输入							输出				功能
R_{01}	R_{02}	S_{91}	S_{92}	CP_0	CP_1		Q_3	Q_2	Q_1	Q_0	
1	1	0	$\times$	$\times$	$\times$		0	0	0	0	异步清 0
1	1	$\times$	0	$\times$	$\times$		0	0	0	0	
$\times$	$\times$	1	1	$\times$	$\times$		1	0	0	1	异步置 9
$R_{01}R_{02}=0$		$S_{91}S_{92}=0$		$\downarrow$	$\times$		二进制码				计数
				$\times$	$\downarrow$		五进制码				
				$\downarrow$	Q_0		8421BCD 码				
				Q_3	$\downarrow$		5421BCD 码				

74LS92/74LS93 的计数控制功能和 74LS90 相同，但 74LS92/74LS93 分别是二/六/十二进制计数器和二/八/十六进制计数器，即 74LS92 的 CP_0 和 Q_0 组成一个二进制计数器，$Q_3 \sim Q_1$ 和 CP_1 组成一个六进制计数器；而 74LS93 的 CP_0 和 Q_0 组成一个二进制计数器，$Q_3 \sim Q_1$ 和 CP_1 组成一个八进制计数器。因此，如果将 Q_0 端的信号送到 CP_1，时钟信号从 CP_0 输入，则 74LS90 就成为十进制计数器，而 74LS92 就成为十二进制计数器，74LS93 则成为十六进制计数器。

2）可预置同步计数器 74LS160～74LS163

同步计数器的特点是计数器内部的时钟信号在同一时刻发生，各触发器状态同时翻转，因此其工作速度较快。

74LS160～74LS163 的显著特点是同步并行置数，它们还具有清零、计数和保持功能。其引脚有清零引脚 $\overline{CR}$、置数引脚 $\overline{LD}$、时钟引脚 CP、4 个数据输入引脚 $D_3 \sim D_0$、4 个数据输出引脚 $Q_3 \sim Q_0$，以及进位输出引脚 CO，其中 74LS161 功能表如表 3.8.3 所示。

表 3.8.3　74LS161 功能表（CT$_T$ 和 CT$_P$ 为计数使能端）

输入						输出
$\overline{CR}$	$\overline{LD}$	CT$_P$	CT$_T$	CP	$D_3D_2D_1D_0$	$Q_3Q_2Q_1Q_0$
0	×	×	×	×	××××	0000
1	0	×	×	↑	$D_3D_2D_1D_0$	$D_3D_2D_1D_0$
1	1	1	1	↑	××××	计数
1	1	0	1	×	××××	保持
1	1	×	0	×	××××	保持（CO=0）

74LS160～74LS163 的功能对比如表 3.8.4 所示。

表 3.8.4　74LS160～74LS163 的功能对比

型号	功能	进位位 CO
74LS160	十进制计数器，直接清零	CO=$Q_0\overline{Q_1}\,\overline{Q_2}\,Q_3CT_T$
74LS161	二进制计数器，直接清零	CO=$Q_0Q_1Q_2Q_3$CT$_T$
74LS162	十进制计数器，同步清零	CO=$Q_0\overline{Q_1}\,\overline{Q_2}\,Q_3CT_T$
74LS163	二进制计数器，同步清零	CO=$Q_0Q_1Q_2Q_3$CT$_T$

3）加、减同步可逆计数器 74LS190、74LS191

74LS190 和 74LS191 是单时钟同步可逆计数器，它们既可进行加计数，又可进行减计数。74LS190 和 74LS191 的引脚排列和功能基本一致，但 74LS190 为 8421BCD 码计数，74LS191 则为 4 位二进制计数，它们的功能表如表 3.8.5 所示。

表 3.8.5　74LS190 和 74LS191 的功能表

$\overline{CT}$	$\overline{LD}$	$\overline{U}/D$	CP	功能
0	0	0	×	置数
0	1	0	↑	加计数
0	1	1	↑	减计数
1	×	×	×	保持

4）双时钟加、减同步可逆计数器 74LS192、74LS193

74LS192 和 74LS193 是双时钟同步可逆计数器，两者的引脚排列和功能基本一致，但 74LS192 为 8421BCD 码计数，74LS193 为 4 位二进制计数，它们的功能如表 3.8.6 所示。

表 3.8.6　74LS192、74LS193 的功能表

输入								输出			
CR	$\overline{LD}$	CP$_U$	CP$_D$	D_3	D_2	D_1	D_0	Q_3	Q_2	Q_1	Q_0
1	×	×	×	×	×	×	×	0	0	0	0
0	0	×	×	D_3	D_2	D_1	D_0	D_3	D_2	D_1	D_0
0	1	1	1	×	×	×	×	保持			
0	1	↑	1	×	×	×	×	加计数			
0	1	1	↑	×	×	×	×	减计数			

表中 CR 是清零信号，$\overline{LD}$ 是置数信号，CP_U 是加计数时钟输入信号，CP_D 是减计数时钟输入信号，$D_3 \sim D_0$ 是计数器预置数输入信号，$Q_3 \sim Q_0$ 是数据输出信号，另外，$\overline{CO}$ 是非同步进位输出信号，$\overline{BO}$ 是非同步借位输出信号（这两个信号未在表中列出）。

2. 单片计数器实现任意计数值的方法

当需要的计数值 M 小于最大计数值 N 时，可以使计数器在 N 进制的计数过程中，跳过 $N\text{-}M$ 个状态，就得到模 M 的计数器。具体实现方法有反馈清零法和反馈置数法等。表 3.8.7 列出的方法供使用时参考。

表 3.8.7　任意计数值实现的具体办法（计数值 M 不超过最大计数值 N）

名称	适用计数器	反馈端	接收反馈端	预置数	状态
反馈清零法	有同步清零输入功能	输出的 S_{M-1} 状态	同步清零输入	无	$S_0 \sim S_{M-1}$
反馈清零法	有直接清零输入功能	输出的 S_M 状态	直接清零输入	无	$S_0 \sim S_{M-1}$
反馈置数法	有同步预置功能	进位端状态	同步置数端	$N\text{-}M$	$S_{N-M} \sim S_{N-1}$
反馈置数法	有直接预置功能	进位端状态	直接置数端	$N\text{-}M$	$S_{N-M-1} \sim S_{N-2}$
反馈清零法	有预置功能	输出的 S_{M-1} 状态	同步置数端	0	$S_0 \sim S_{M-1}$

3. 集成计数器的级联使用

当要求实现的计数值 M 超过单片计数器的计数范围时，则必须将多片计数器级联使用，以扩大计数的范围。

计数器级联的方法是将低位计数器的输出信号送给高位计数器，使得低位计数器每循环计满一遍，高位计数器就产生一次计数。

从低位计数器取得的信号一般有进位（或借位）信号及状态信号的组合等，送到高位计数器的方式也有送到计数输入脉冲端或送到计数使能端的区别，要根据具体集成电路芯片的电平要求进行实际电路的设计。

不论高、低位计数器如何级联，每个计数器都可以更改其最大计数值，这样就能得到任意进制的计数器。

表 3.8.8 列出了各种计数器级联的方法。

表 3.8.8　各种计数器级联的方法

连接方式	适用计数器特点	图例	备注
低位计数器的进位送信号高位计数器的输入端	有进位输出	图 3.8.2（a）	—
低位计数器的进位送信号高位计数器的使能端	有进位输出和使能端	图 3.8.2（c）	用预置反馈置数法
低位计数器的状态信号组合送高位计数器的计数输入端	无进位输出或不计满就需要进位	图 3.8.2（b）	用组合反馈清零法
低位计数器的状态信号组合送高位计数器的计数使能端	无进位输出或不计满就需要进位，且有使能端	—	—

五、实验内容

1. 测试 74LS161 的逻辑功能

计数脉冲由逻辑开关提供，清零端$\overline{CR}$、置数端$\overline{LD}$、数据输入端 $D_3 \sim D_0$ 分别接数据开关，输出端 $Q_3 \sim Q_0$ 接实验设备的一个译码显示输入单元的相应插口 $D_3 \sim D_0$；$\overline{CO}$接 LED 电平显示器。按表 3.8.3 逐项测试并判断该集成电路芯片的功能是否正常。

2. 74LS161 的主要功能验证

实验电路如图 3.8.1 所示，计数脉冲由逻辑开关提供，输出端 $Q_0 \sim Q_3$ 和$\overline{CO}$接 LED 电平显示器，逐个输入脉冲，记录各输出状态。

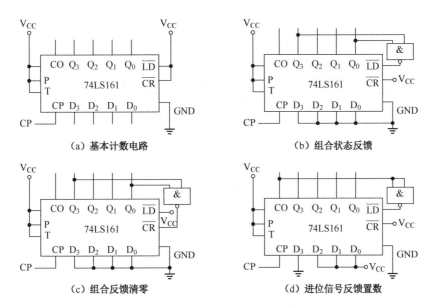

图 3.8.1　74LS161 的主要功能实验

3. 74LS161 的级联

74LS161 的级联有多种方式，图 3.8.2 给出了几种级联的实验电路，按图 3.8.2 连接级联电路，在 CP 端输入时钟脉冲，检查各集成电路芯片的输出端 $Q_0 \sim Q_3$ 及 CO 的逻辑状态，说明各级联电路的功能。

4. 设计数字秒表

设计一个数字秒表，要求用 74LS161 及少量的门电路组成，能同时实现暂停和继续功能。

提示：数字秒表的计数序列是 0、1、2、…、59，是一个六十进制计数器，CP 脉冲由实验箱上的秒脉冲信号源提供，暂停和继续功能用实验箱上的数据开关控制。

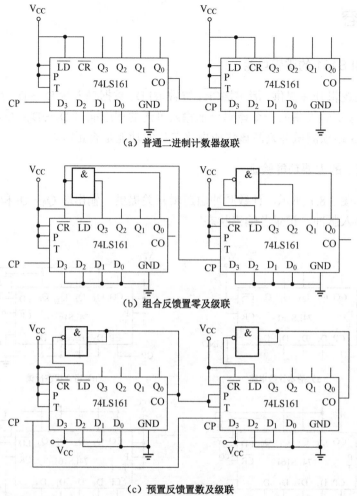

图 3.8.2　74LS161 的级联实验

六、实验报告

（1）画出实验电路图，记录、整理实验现象及实验所得的有关波形。对实验结果进行分析。

（2）总结使用集成计数器的体会。

（3）总结设计任意进制计数器的体会。

3.9　实验九　移位寄存器及其应用

一、实验目的

（1）掌握中规模 4 位双向移位寄存器的逻辑功能及使用方法。

（2）熟悉移位寄存器的应用：实现数据的串行、并行转换和构成环形计数器的方法。

二、实验预习要求

（1）复习教材中有关寄存器及串/并行转换器有关内容。

（2）查阅 CC40194、CC4011 及 CC4068 逻辑电路，熟悉其逻辑功能及引脚排列，并写在预习报告中。

（3）在对 CC40194 进行送数后，若要使其输出改成另外的数码，是否一定要使寄存器清零？

（4）使寄存器清零，除了对 $\overline{\text{CR}}$ 输入低电平，可否采用右移或左移的方法？可否使用并行送数法？若可行，如何进行操作？

（5）若进行循环左移，如图 3.9.4 所示电路的连接方式应如何改接？

（6）画出用两片 CC40194 构成的七位左移串/并行转换器电路。

（7）画出用两片 CC40194 构成的七位左移并/串行转换器电路。

（8）熟练使用仿真软件 MultiSim 进行仿真。

三、实验设备与元器件

仔细查看数字电路实验装置的结构，确认元器件的布局及使用方法。具体实验设备与元器件有：

（1）直流稳压电源。

（2）双踪示波器。

（3）数字万用表。

（4）实验箱。

（5）元器件：CC40194（74LS194）两个、CC4011（74LS00）、CC4068（74LS30）。

四、实验原理

移位寄存器是具有移位功能的寄存器，该寄存器中所有的数码能够在移位脉冲的作用下依次左移或右移。既能左移又能右移的寄存器称为双向移位寄存器，在此类寄存器中，只需要改变左、右移的控制信号便可实现双向移位要求。根据存取信息的方式不同，移位寄存器分为串入串出、串入并出、并入串出和并入并出四种形式。

本实验选用的 4 位双向通用移位寄存器的型号为 CC40194 或 74LS194，两者功能相同，可互换使用，其逻辑符号及引脚排列如图 3.9.1 所示。其中 $D_0 \sim D_3$ 为并行输入端；$Q_0 \sim Q_3$ 为并行输出端；SR 为右移串行输入端，SL 为左移串行输入端；S_1、S_0 为操作模式控制端；$\overline{\text{CR}}$ 为直接无条件清零端；CP 为时钟脉冲输入端。

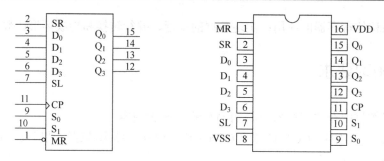

图 3.9.1 CC40194 的逻辑符号及引脚排列

CC40194 有 5 种不同操作模式：并行送数寄存、右移（方向：$Q_0 \rightarrow Q_3$）、左移（方向：$Q_3 \rightarrow Q_0$）、保持及清零。

S_1、S_0 和 $\overline{CR}$ 端的控制功能如表 3.9.1 所示。

移位寄存器应用很广，可构成移位寄存器型计数器、顺序脉冲发生器、串行累加器，可用作数据转换，即把串行数据转换为并行数据或把并行数据转换为串行数据等。本实验研究移位寄存器用作环形计数器和数据的串、并行转换。

表 3.9.1 S_1、S_0 和 $\overline{CR}$ 端的控制功能

功能	输入信号										输出信号			
	CP	$\overline{CR}$	S_1	S_0	SR	SL	D_0	D_1	D_2	D_3	Q_0	Q_1	Q_2	Q_3
清除	×	0	×	×	×	×	×	×	×	×	0	0	0	0
送数	↑	1	1	1	×	×	a	b	c	d	a	b	c	d
右移	↑	1	0	1	SR	×	×	×	×	×	SR	Q_0	Q_1	Q_2
左移	↑	1	1	0	×	SL	×	×	×	×	Q_1	Q_2	Q_3	SL
保持	↑	1	0	0	×	×	×	×	×	×	Q_0^n	Q_2^n	Q_3^n	Q_3^n
保持	↓	1	×	×	×	×	×	×	×	×	Q_0^n	Q_2^n	Q_3^n	Q_3^n

注：表中 *abcd* 表示输入的 4 位二进制数码。

1．环形计数器

把移位寄存器的输出反馈到它的串行输入端，就可以进行循环移位。如图 3.9.2 所示，把输出端 Q_3 和右移串行输入端 SR 相连接，设初始状态 $Q_0Q_1Q_2Q_3=1000$，在时钟脉冲作用下 $Q_0Q_1Q_2Q_3$ 将依次变为 $0100 \rightarrow 0010 \rightarrow 0001 \rightarrow 1000\cdots$如表 3.9.2 所示。可见它是一个具有四个有效状态的计数器，这种类型的计数器通常称为环形计数器。如图 3.9.2 所示的电路的各个输出端可输出在时间上有先后顺序的脉冲，因此也可作为顺序脉冲发生器使用。

表 3.9.2 环形计数器功能表

CP	Q_0	Q_1	Q_2	Q_3
0	1	0	0	0
1	0	1	0	0
2	0	0	1	0
3	0	0	0	1

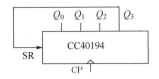

图 3.9.2　环形计数器

如果将输出端 Q_0 与左移串行输入端 SL 相连，即可实现左移循环移位。

2．实现数据串行与并行的转换

1）串行/并行转换器

串行/并行转换是指串行输入的数码，经转换电路之后变换成并行输出。图 3.9.3 是用两片 CC40194 四位双向移位寄存器组成的七位串行/并行数据转换电路。

电路中 S_0 端接高电平 1，S_1 端受信号 Q_7 的控制，两片寄存器连接成串行输入右移工作模式。Q_7 是转换结束标志。当 $Q_7=1$ 时，$S_1=0$，使电路工作于 $S_1S_0=01$ 的串行输入右移工作方式；当 $Q_7=0$ 时，$S_1=1$，有 $S_1S_0=10$，则串行送数结束，标志着串行输入的数据已转换成并行输出。

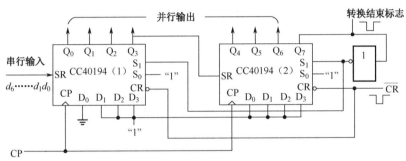

图 3.9.3　七位串行/并行数据转换电路

串行/并行转换的具体过程如下：转换前，向 CR 端加低电平，使两片寄存器的内部清零，此时 $S_1S_0=11$，电路工作于并行输入方式。当第一个 CP 脉冲到来后，寄存器的输出状态 $Q_0\sim Q_7$ 为 01111111，与此同时 $S_1S_0=01$，电路工作于串行输入右移工作方式，串行输入数据由第 1 片的 SR 端加入。随着 CP 脉冲的依次加入，输出状态的变化如表 3.9.3 所示。

表 3.9.3　串行/并行转换器的输出状态

CP	Q_0	Q_1	Q_2	Q_3	Q_4	Q_5	Q_6	Q_7	说明
0	0	0	0	0	0	0	0	0	清零
1	0	1	1	1	1	1	1	1	送数
2	D_0	0	1	1	1	1	1	1	右移操作七次
3	D_1	D_0	0	1	1	1	1	1	
4	D_2	D_1	D_0	0	1	1	1	1	
5	D_3	D_2	D_1	D_0	0	1	1	1	
6	D_4	D_3	D_2	D_1	D_0	0	1	1	
7	D_5	D_4	D_3	D_2	D_1	D_0	0	1	
8	D_6	D_5	D_4	D_3	D_2	D_1	D_0	0	
9	0	1	1	1	1	1	1	1	送数

由表 3.9.3 可见，右移操作执行 7 次之后，Q_7 变为 0，S_1S_0 又变为 11，说明串行输入结束。这时，串行输入的数码已经转换成并行形式并被输出。当再来一个 CP 脉冲时，电路又重新执行一次并行输入，为第二组串行数码转换做好准备。

2）并行/串行转换器

并行/串行转换器是指并行输入的数码经转换电路之后，以串行的形式输出。如图 3.9.4 所示是用两片 CC40194 组成的七位并行/串行转换电路，它比上述七位串行/并行转换电路多了两只与非门：G_1 和 G_2，二者的电路工作方式同样为右移。寄存器清零后，加一个转换启动信号（负脉冲或低电平）。此时，由于控制方式信号 S_1S_0=11，转换电路执行并行输入操作。当第 1 个 CP 脉冲到来后，$Q_0 \sim Q_7$ 的状态为 $D_0 \sim D_7$，数据以并行的方式输入寄存器，使得 G_1 输出为 1，G_2 输出为 0。结果，S_1S_0 变为 01。随着 CP 脉冲的加入，转换电路开始执行右移串行输出；随着 CP 脉冲的依次加入，输出状态依次右移，待右移操作执行 7 次后，$Q_0 \sim Q_6$ 的状态都为高电平 1，与非门 G_1 的输出为低电平，G_1 的输出为高电平，S_1S_0 又变为 11，表示并行/串行转换结束，且为下次并行输入创造了条件。转换过程如表 3.9.4 所示。

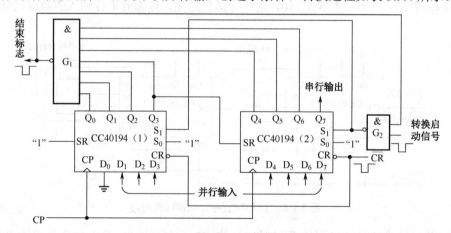

图 3.9.4　七位并行/串行转换电路

表 3.9.4　并行/串行转换过程

CP	Q_0	Q_1	Q_2	Q_3	Q_4	Q_5	Q_6	Q_7	串行输出						
0	0	0	0	0	0	0	0	0							
1	0	D_1	D_2	D_3	D_4	D_5	D_6	D_7							
2	1	0	D_1	D_2	D_3	D_4	D_5	D_6	D_7						
3	1	1	0	D_1	D_2	D_3	D_4	D_5	D_6	D_7					
4	1	1	1	0	D_1	D_2	D_3	D_4	D_5	D_6	D_7				
5	1	1	1	1	0	D_1	D_2	D_3	D_4	D_5	D_6	D_7			
6	1	1	1	1	1	0	D_1	D_2	D_3	D_4	D_5	D_6	D_7		
7	1	1	1	1	1	1	0	D_1	D_2	D_3	D_4	D_5	D_6	D_7	
8	1	1	1	1	1	1	1	0	D_1	D_2	D_3	D_4	D_5	D_6	D_7
9	0	D_1	D_2	D_3	D_4	D_5	D_6	D_7							

中规模集成移位寄存器的位数往往以 4 位居多，当需要的位数多于 4 位时，可用把几片移位寄存器级联的方法来扩展位数。

五、实验内容

1. 测试 CC40194（或 74LS194）的逻辑功能

将 $\overline{CR}$、S_1、S_0、SL、SR 及 $D_0 \sim D_3$ 端分别接至数据开关的输出插口；$Q_0 \sim Q_3$ 端接至逻辑电平显示输入插口；CP 端接逻辑开关。按表3.9.5 所规定的输入状态，逐项进行测试。

（1）清零。令 $\overline{CR}$=0，这时无论其他输入为什么状态，寄存器输出信号 $Q_0 \sim Q_3$ 应均为 0。清零后，令 $\overline{CR}$=1。

（2）送数。令 S_1=S_0=1，送入任意 4 位二进制数，如 $D_0D_1D_2D_3$=abcd，加 CP 脉冲，观察 CP=0、CP 由 0→1、CP 由 1→0 三种情况下寄存器输出状态的变化。观察寄存器输出状态变化是否发生在 CP 脉冲的上升沿。

（3）右移。清零后，令 $\overline{CR}$=1，S_1=0，S_0=1，由右移输入端 SR 送入二进制数码（如0100），在 CP 端连续加 4 个脉冲，观察寄存器输出状态，记录之。

（4）左移。先清零或预置，再令 $\overline{CR}$=1，S_1=1，S_0=0，由左移输入端 SL 送入二进制数码（如1111），连续加 4 个 CP 脉冲，观察输出状态，记录之。

（5）保持。向寄存器中预置任意 4 位二进制数码 abcd，令 $\overline{CR}$=1，S_1=S_0=0，加 CP 脉冲，观察寄存器输出状态，记录之。

表 3.9.5 输入状态

清除	模式		时钟	串行		输入	输出	功能总结
$\overline{CR}$	S_1	S_0	CP	SL	SR	$D_0D_1D_2D_3$	$Q_0Q_1Q_2Q_3$	
0	×	×	×	×	×	××××		
1	1	1	↑	×	×	abcd		
1	0	1	↑	×	0	××××		
1	0	1	↑	×	1	××××		
1	0	1	↑	×	0	××××		
1	0	1	↑	×	0	××××		
1	1	0	↑	1	×	××××		
1	1	0	↑	1	×	××××		
1	1	0	↑	1	×	××××		
1	1	0	↑	1	×	××××		
1	0	0	↑	×	×	××××		

2. 环形计数器

自拟实验电路，用并行送数法预置寄存器的存储内容为某二进制数码（如0100），然后进行右移循环，观察寄存器输出端状态的变化，自拟记录表格。

3. 实现数据的串行/并行转换

（1）串行输入、并行输出。

  按图 3.9.3 连接电路，进行右移串行输入、并行输出实验，串行输入的数码自定；改接电路，用左移方式实现并行输出。自拟表格，记录之。

  （2）并行输入，串行输出。

  按图 3.9.4 连接电路，进行右移并行输入、串行输出实验，并行输入的数码自定。再改接电路，用左移方式实现串行输出。自拟表格，记录之。

六、实验报告

  （1）分析表 3.9.5 的实验结果，总结移位寄存器 CC40194 的逻辑功能，并写入功能总结中。

  （2）根据实验内容"环形计数器"的结果，画出 4 位环形计数器的状态转换图及波形图。

  （3）分析串行/并行、并行/串行转换器所得结果的正确性。

3.10 实验十 脉冲分配器及其应用

一、实验目的

  （1）熟悉集成时序脉冲分配器的使用方法及其典型应用。

  （2）学习步进电机的环形脉冲分配电路的组成方法。

二、实验预习要求

  （1）复习教材中有关脉冲分配器的内容。

  （2）查阅所用集成电路芯片的引脚排列、功能及真值表，并写在预习报告中。

  （3）按实验任务要求设计实验电路，并拟定实验方案及步骤。

  （4）用 MultiSim 软件对实验电路进行仿真和分析。

三、实验设备与元器件

  仔细查看数字电路实验装置的结构，确认元器件的布局及使用方法。具体实验设备与元器件有：

  （1）直流稳压电源。

  （2）双踪示波器。

  （3）数字万用表。

  （4）实验箱。

  （5）元器件：CC4017、CC4013、CC4027、CC4011、CC4085 各两个。

四、实验原理

1．脉冲分配器

脉冲分配器的作用是产生多路顺序脉冲信号，它可以由计数器和译码器组成，也可以由环形计数器构成。如图 3.10.1 所示，在 CLK 端输入系列 CP 脉冲，经 N 位二进制计数器和相应的译码器就可以形成 2^N 路顺序输出脉冲。

2．集成时序脉冲分配器 CC4017

CC4017 是 5 位 Johnson 计数器，具有 10 个译码输出端，其 CLK 端内接的施密特触发器具有脉冲整形功能，对输入的 CP 脉冲的上升沿和下降沿持续时间无要求。CC4017 的逻辑符号及引脚排列如图 3.10.2 所示，其中 CO 端为进位脉冲输出端；CLK 端为 CP 脉冲输入端；RST 端为清零端；$\overline{ENA}$ 端为禁止端；$Q_0 \sim Q_9$ 端为计数脉冲输出端。$\overline{ENA}$ 端为低电平时，CC4017 在 CP 脉冲上升沿计数；反之，计数功能无效。RST 端为高电平时，计数器清零。CC4017 的输出波形如图 3.10.3 所示。

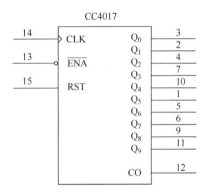

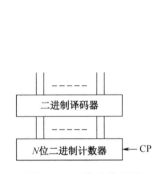

图 3.10.1 脉冲分配器　　　　　　图 3.10.2 CC4017 的逻辑符号及引脚排列

表 3.10.1 CC4017 的功能表

输入			输出	
CLK	$\overline{ENA}$	RST	$Q_0 \sim Q_9$	CO
×	×	1	Q_0	
↑	0	0	计数	
1	↓	0		计数脉冲由 $Q_0 \sim Q_4$ 输出时：CO=1
0	×	0		计数脉冲由 $Q_5 \sim Q_9$ 输出时：CO=0
×	1	0	保持	
↓	×	0		
×	↑	0		

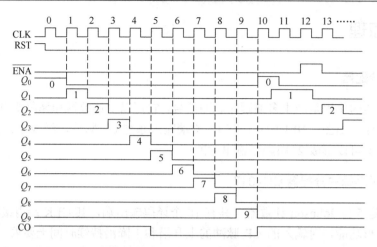

图 3.10.3　CC4017 的输出波形图

CC4017 的应用十分广泛，可用于分频、N 进制计数（$2 \leqslant N \leqslant 10$ 时只需要一块，$N>10$ 时可用多块 CC4017 级联）。如图 3.10.4 所示为由两片 CC4017 组成的 60 分频电路。

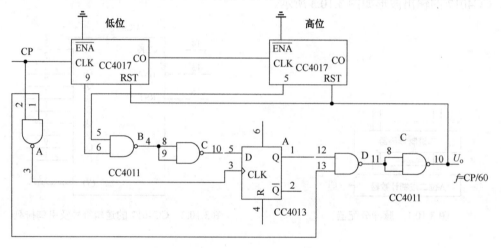

图 3.10.4　由两片 CC4017 组成的 60 分频电路

3．步进电机的环形脉冲分配电路

如图 3.10.5 所示为某三相步进电机的驱动电路示意图。A、B、C 分别表示步进电机的三相绕组。步进电机按三相六拍方式运行，即要求步进电机正转时，可逆分配控制端电平 $X=1$，使三相绕组的通电顺序为：A→AB→B→BC→C→CA。要求步进电机反转时，可逆分配控制端电平 $X=0$，三相绕组的通电顺序改为：A→AC→C→CB→B→BA。

图 3.10.5　某三相步进电机的驱动电路示意图

如图 3.10.6 所示为由三个 JK 触发器构成的按六拍通电方式控制步进电机的环形脉冲分配电路,供参考。

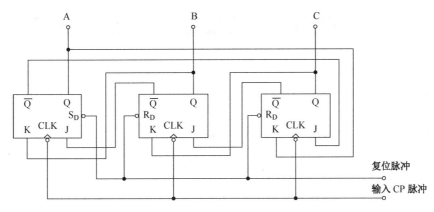

图 3.10.6 环形脉冲分配电路

要使步进电机正转或反转,通常应将正转脉冲信号或反转脉冲信号输入控制端。

此外,由于步进电机三相绕组中,任何时刻都不得出现 A、B、C 三相同时通电或同时断电的情况,所以环形脉冲分配电路的三路输出不允许出现 111 和 000 两种状态,为此,可以给电路加初态预置环节。

五、实验内容

(1)CC4017 逻辑功能测试。

①参照图 3.10.2,$\overline{\text{ENA}}$、RST 端接逻辑开关的输出插口,CLK 端接单次脉冲源,$Q_0 \sim Q_9$ 输出端接至逻辑电平显示输入插口,按功能表要求操作各逻辑开关。清零后,连续送出 10 个脉冲信号,观察 10 个发光二极管的显示状态,并列表记录。

②CLK 端改接 1Hz 的连续脉冲信号,观察并记录输出状态。

(2)按图 3.10.4 接线,自拟实验方案,验证 60 分频电路的正确性。

(3)参照图 3.10.6 的电路,设计一个用脉冲分配器构成的驱动三相步进电机可逆运行的三相六拍环形脉冲分配电路。要求:

①环形脉冲分配电路用 CC4013(双 D 触发器)、CC4085 等组成。

②电机三相绕组在任何时刻都不应出现同时通电或同时断电的情况,在设计中要注意这一点。

③电路安装好后,先用手控方式送入 CP 脉冲信号进行调试,然后加入系列脉冲信号进行动态实验。

④整理数据,分析实验中出现的问题,写出实验报告。

六、实验报告

(1)画出完整的实验电路。

（2）总结分析实验结果。

3.11　实验十一　集成定时器 555 的应用

一、实验目的

（1）熟悉 555 定时器的结构、工作原理及其特点。
（2）掌握 555 定时器的基本应用。

二、预习要求

（1）阅读教材，了解 555 的工作情况。
（2）查阅所用集成电路芯片的引脚排列、功能及真值表，并写在预习报告中。
（3）根据实验任务，设计出所需的实验电路。
（4）熟练使用仿真软件 MultiSim 进行仿真。
（5）回答问题：方波信号发生器产生的信号的周期几乎不变，为什么？
（6）分析图 3.11.5，说明 VD_1 和 VD_2 的作用。

三、实验设备与元器件

仔细查看数字电路实验装置的结构，确认元器件的布局及使用方法。具体实验设备与元器件有：
（1）直流稳压电源。
（2）双踪示波器。
（3）数字万用表。
（4）实验箱。
（5）元器件：LM555、IN4148、电阻、电容等。

四、实验原理

集成定时器也称作时基电路。它是一种将模拟功能与逻辑功能相结合的模拟集成电路芯片，能够产生精确时间延迟和振荡。由于定时器在电路结构上是由模拟电路和逻辑电路组成的，所以它是一种模拟—数字组合电路。分类上，一般把它归于模拟集成电路芯片的范畴。

目前各国生产的定时器有多种型号，如常用的 555 集成定时器，国产型号有 5G1555，国外型号有 LM555、NE555 等。555 和 7555 是单定时器，556 和 7556 是双定时器。双极型定时器的电源电压为 5V～15V，输出的最大电流可达 200mA，CMOS 型定时器的电源电压为 3V~18V，输出的电流为 4mA。它们的内部组成基本相同，下面以 LM555 为例介绍其工作原理。

1. LM555 的组成

图 3.11.1 是 LM555 的内部结构示意图及引脚排列。LM555 由两个高精度比较器（IC_1、IC_2）、一个双稳态 RS 触发器、输出级、放电级和电阻分压器等组成。比较器的参考电压由三个 5kΩ 的电阻构成的分压器提供。它们分别使高电平比较器 IC_1 的同相输入端和低电平比较器 IC_2 的反相输入端的参考电平为 $2U_{CC}/3$ 和 $U_{CC}/3$。IC_1 和 IC_2 的输出端控制 RS 触发器的状态和放电三极管的开关状态。当输入信号自引脚 6（即高电平触发引脚）输入并且其电平超过参考电平 $2U_{CC}/3$ 时，RS 触发器复位。引脚 3（输出端）输出低电平，同时放电三极管导通。当输入信号自引脚 2 输入并且其电平低于 $U_{CC}/3$ 时，RS 触发器置位，引脚 3 输出高电平，同时放电三极管截止。

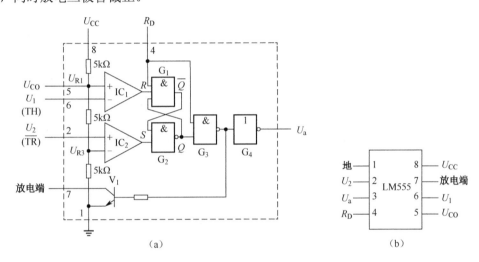

图 3.11.1 LM555 的内部结构示意图及引脚排列

2. LM555 的引脚功能

（1）引脚 1（地）：在通常情况下与地相连。

（2）引脚 2（触发）：触发电平为 $U_{CC}/3$，当该引脚电平低于 $U_{CC}/3$ 时，RS 触发器使引脚 3 呈高电平。该引脚允许施加电压范围为 $0\sim U_{CC}$。

（3）引脚 3（输出）：此引脚在通常情况下为低电平，在定时期间呈高电平。

（4）引脚 4（复位）：当该引脚电压低于 0.4V 时，定时过程中断，定时器返回到非触发状态。欲使定时电路能够被触发，复位端电压应大于 1V。该引脚允许外加电压范围为 $0\sim U_{CC}$，不用时应接高电平。

（5）引脚 5（控制）：该引脚与分压点（$2U_{CC}/3$）相连。当该引脚外接接地电阻或电压时，可改变 LM555 内部比较器的基准电压。当不需要改变 LM555 内部比较器的基准电压时，应外接电容（$C \geqslant 0.01\mu F$），以便滤除电源噪声和其他干扰。该引脚允许外加电压范围为 $0\sim U_{CC}$。

（6）引脚 6（阈值电压 TH）：阈值电平为 $2U_{CC}/3$。当此电压大于 $2U_{CC}/3$ 时，RS 触发器复位，输出端 3 变为低电平。该引脚允许外加电压范围为 $0\sim U_{CC}$。

（7）引脚 7（放电）：该引脚与放电三极管相连。由于放电三极管的集电极电流为有限值，因此该引脚可外接大于 1000μF 的电容。

（8）引脚 8（+U_{CC}）：该引脚可外接 4.5～16V 的电源。由于电路的定时与电源的电压无关，所以电源电压的变化所引起的定时误差通常小于 0.05％。

3．LM555 定时器的典型应用电路

LM555 的应用非常广泛，下面以用 LM555 构成单稳态和无稳态触发器为例说明电路的工作原理。

1）单稳态触发器（又称时间延迟工作方式）

由 LM555 所组成的单稳态触发器如图 3.11.2 所示。当电源接通后，若引脚 2 无触发信号，则引脚 3 输出低电平，电路处于复位状态，放电三极管导通，定时电容 C_T 对地短路，若向触发端（引脚 2）输入电压低于 $U_{CC}/3$ 的负脉冲时，输出端 3 的状态由低电平变为高电平，放电三极管截止，电容 C_T 充电。当电容两端电压大于或等于 $2U_{CC}/3$ 时（即超过阈值），上比较器状态翻转，放电三极管再次导通，C_T 放电，引脚 3 的状态为低电平，电路复位。必须注意，由于充电速度和比较器的阈值电压都与 U_{CC} 成正比，所以定时时间与 U_{CC} 无关。

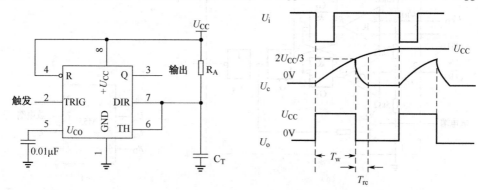

图 3.11.2　由 LM555 所组成的单稳态触发器及其输出波形图

由 $R_A C_T$ 电路方程 $U_c(t)=U_{CC}(1-e^{-1/R_A C_T})$ 可求出电容 C_T 上的电压，由零充到 $2U_{CC}/3$ 所需时间（即电路的定时时间）为：

$$t_1=\ln 3 R_A C_T \approx 1.1 R_A C_T$$

下面介绍单稳态工作方式时外电路参数的选择原则。

（1）定时电阻 R_A。R_A 的阻值最小值应根据下述因素确定：起始充电电流不应大到妨碍正常放电，因此起始放电电流应不大于 5mA。R_A 的阻值最大值取决于引脚 6 所需的阈值电流，其起始电流为 1μA。可见，在电源电压给定的条件下，只需要改变 R_A 的阻值，就能使计时时间 t_1 在 5mA～1μA 范围内变化。

通常，选用定时电容 C_T 的电容量大于等于 100pF，然后再由上式来确定 R_A 阻值。

（2）定时电容 C_T。实际选用的 C_T 的电容量大于等于 100pF，选择此值的依据是：C_T 的电容量应远大于引脚 6 和引脚 7 间的寄生非线性电容。

实际使用的最大电容量通常由此电容的漏电流来确定。例如，定时时间为 1 小时，由 R_A 所确定的最小起始电流为 1μA，则电容的漏电流必须小于 0.01μA，即应选用具有低漏电

流的钽电容作为定时电容，或选用额定电压较高的电容。一般来说，当电容的工作电压是额定工作电压的二分之一时，该电容的漏电流小于标称值的五分之一。

（3）触发电平。LM555 定时电路采用负脉冲触发，为了获得较高精度的计时时间，要求触发脉冲宽度 $t<1.11R_AC_T$。因此，在实际电路中往往接入图 3.11.3 所示的 R_1C_1 微分电路。但在微分输入情况下，可能出现幅度大于 U_{CC} 的尖峰电压，因此，用限幅二极管 VD 可使尖峰电压幅度小于 U_{CC}，其次，触发端（引脚 2）需要馈入一个小的偏置电流，在通常情况下，这一电流可由触发信号源供给。但当触发信号源的输出电阻为无限大时，需要在 U_{CC} 与引脚 2 之间加接电阻 R，以便获得所需偏置电压。

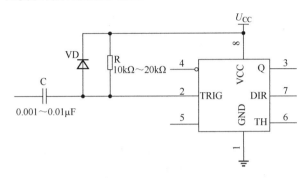

图 3.11.3 RC 微分电路

（4）控制电压。为了保证电路正常工作，引脚 5 的控制电压（或控制电平）的变化范围为：

$$2U_{BE}<U<U_{CC}-U_{BE}$$

想要获得合适的控制电平，可在引脚 5 外接接地电阻或电压源。

2）多谐振荡器（又称无稳态触发器）

若将引脚 2 与引脚 6 相连，如图 3.11.4 所示，就可形成多谐振荡器。外接电容 C_T 通过 R_A、R_B 充电，而放电电流仅通过 R_B。

由充电电压 $U_c(t)$ 随时间变化的关系式：

$$U_c(t)=U_{CC}-(2/3)U_{CC}e^{-t}(R_A+R_B)C_T$$

可求出充电时间 t_1。因为当 $t=0$ 时，$U_c=U_{CC}/3$，当 $t=t_1$ 时，$U_c=2U_{CC}/3$，所以充电时间为：

$$t_1=\ln2(R_A+R_B)C_T\approx0.693(R_A+R_B)C_T$$

放电时间为：

$$t_2\approx0.693R_BC_T$$

$$T=t_1+t_2=0.693(R_A+2R_B)C_T$$

振荡频率：

$$f=1.44/[(R_A+2R_B)C_T]$$

占空比：

$$q=(R_A+R_B)/(R_A+2R_B)$$

无稳态工作方式的外电路参数的选择原则与单稳工作方式相同，这里不再赘述了。

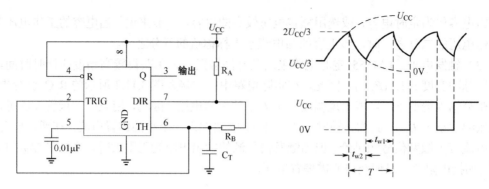

图 3.11.4 多谐振荡器及输出波形图

五、实验内容

（1）选择 C_T、R_A 设计一个定时电路，使延迟时间为 1 秒。搭接电路进行调试，用示波器观察输出情况并记录。

（2）试设计 f=1kHz、占空比可调的方波信号发生器，参考电路如图 3.11.5 所示。搭接电路，调节 R_W，用示波器观察方波信号发生器占空比的变化情况并画出波形，计算出占空比 q 的最大值与最小值。

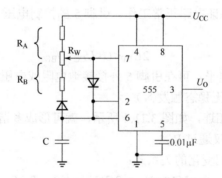

图 3.11.5 占空比可调的方波信号发生器

（3）设计触摸开关。由定时电路和少数附加元器件就可以构成多用途、方便可靠的触摸开关，如图 3.11.6 所示为参考电路。触摸片可用导线代替。若灵敏度太低，可加大电阻 R 的阻值或去掉二极管和电阻 R，用示波器观测它的开关情况。

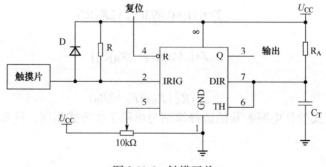

图 3.11.6 触摸开关

（4）用 555 定时器设计一个电子门铃。当按下按键时，门铃以 1.2kHz 频率鸣响 10s。

六、实验报告

（1）画出完整的实验电路。
（2）总结分析实验结果。

第四章　设计性实验

设计性实验主要涉及由若干元器件构成的小型数字电路系统。通过实验，学生应掌握数字电路系统的设计和分析方法，能够进行独立的数字电路系统设计。数字电路及逻辑综合实验也可以帮助学生将电类基础课程知识综合起来，并将这些知识与工程实际联系起来，更深刻地理解理论知识。

在设计数字电路时，首先要对每一课题给定的总体要求做认真分析，明确任务和性能指标，然后进行总体设计。在设计过程中，要根据具体情况，反复对设计方案进行论证，以得出最佳方案。在整体方案确定以后，合理选择或独立设计逻辑单元电路，选择元器件，画出电路图，进行实验、性能测试，最后撰写实验设计报告。通常的数字电路设计过程如图 4.0.1 所示。

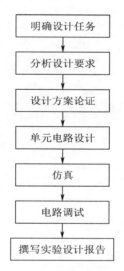

图 4.0.1　数字电路设计过程示意图

一、实验目的

（1）掌握数字电路系统的分析和设计方法。
（2）能够熟练地、合理地选用集成电路芯片等元器件。
（3）提高电路布局、布线能力及检查和排除故障的能力。
（4）培养撰写综合实验报告的能力。

二、实验内容

（1）根据设计要求，从选择设计方案开始，首先按单元电路进行设计，选择合适的元器件，最后画出总原理图、连线图，并进行仿真验证。

（2）安装调试电路直至实现任务要求的全部功能。对于电路，要求布局合理、走线清楚、工作可靠。

（3）写出完整的实验报告，其中包括对调试中出现的异常现象的分析和讨论。

三、实验说明

1. 数字电路系统的设计方法

数字电路系统通常是由组合逻辑和时序逻辑功能部件组成的，而这些功能部件又可以由各种各样的 SSI（小规模集成电路）、MSI（中规模集成电路）、LSI（大规模集成电路）组成。数字电路系统的设计方法有试凑法和自上而下法。下面对这两种方法进行简要介绍。

1）试凑法

这种方法的基本思想是把系统的总体分成若干个相对独立的功能部件，然后用组合逻辑电路和时序逻辑电路的设计方法分别设计并构成这些功能部件，或者直接选择合适的 SSI/MSI/LSI 实现上述功能，最后把这些已经确定的功能部件按要求拼接组合起来，便组成完整的数字电路系统。

近几年来，随着 MSI、LSI 甚至 VLSI（超大规模集成电路）的迅猛发展，大量功能部件（如数据选择器、译码器、计数器和移位寄存器等元器件）被大批生产和广泛使用，没有必要再按照组合逻辑电路和时序逻辑电路的设计方法来设计功能雷同的电路，而是可以直接用这些功能部件来构成完整的数字电路系统。对于一些规模不大、功能不太复杂的数字电路系统，选用中、大规模集成电路，采用试凑法设计具有设计过程简单、电路调试方便、性能稳定可靠等优点，因此试凑法目前仍被广泛使用。

试凑法并不是盲目地尝试，而是按下面具体步骤进行。

（1）分析系统的设计要求，确定系统的总体方案： 消化设计任务书，明确系统的功能（如数据的输入输出方式，系统需要完成的任务等），拟定算法（即选定实现系统功能所遵循的原理和方法）。

（2）划分逻辑单元，确定初始结构，建立总体逻辑图： 逻辑单元的划分可采用由粗到细的方法，先将系统分为处理部分和控制部分，再按处理任务或控制功能逐一划分。逻辑单元大小要适当，以功能比较单一，易于实现且便于进行方案比较为原则。

（3）选择功能部件： 将上面划分的逻辑单元进一步分解成若干相对独立的模块，以便直接选用标准 SSI/MSI/LSI 元器件来实现。元器件的选择应尽量选用 MSI 和 LSI，这样可提高电路的可靠性，便于安装调试，简化电路设计。

（4）将功能部件组成数字电路系统： 连接各个模块，绘制总体电路图。画图时应综合考虑各功能之间的配合问题，如时序的协调、电路的负载和匹配、竞争与冒险的消除、初始状态的设置及电路的启动等。

2）自上而下法

自上而下（或自顶向下）的设计方法适合于规模较大的数字电路系统。由于系统的输入变量、状态变量和输出变量较多，很难用真值表、卡诺图、状态表和状态转换图等来完整、清晰地描述系统的逻辑功能，需要借助某些工具对所设计的系统功能进行描述。

通常采用的工具有逻辑流程图、算法状态机流程图、助记文件状态图等。

这种方法的基本思想是把规模较大的数字电路系统从逻辑上划分为控制部分和受控部分（受控电路），采用逻辑流程图/ASM 图/MDS 图来描述控制部分的控制过程，并根据控制部分及受控部分的逻辑功能，选择适当的功能元器件来实现。而控制部分或受控部分本身又分别可以看成一个子系统，所以逻辑划分的工作还可以在控制部分或受控部分内部递归进行。按照这种思想，设计一个大的数字电路系统，可先将其分割成属于不同层次的许多子系统，再用具体的硬件实现这些子系统，最后把它们连接起来，得到所需的完整的数字电路系统。

采用自上而下法进行设计的步骤如下：

（1）明确待设计系统的逻辑功能。

（2）拟定总体方案。

（3）进行逻辑划分，即把系统划分成控制部分和受控部分，并规定其具体的逻辑要求，但不涉及具体的硬件电路。

（4）设计控制部分和受控部分。设计受控部分可以根据其逻辑功能选择合适的 SSI、MSI、LSI 功能部件来实现，而控制部分是一个较复杂的时序逻辑系统，很难用传统的状态转换图或状态表来描述其逻辑功能。如果采用 ASM 图或 MDS 图来描述控制部分的逻辑功能，再通过程序设计反复比较、判断各种方案，则可不受条件限制地得出控制部分的最佳方案。现代数字电路系统的设计，可以用 EDA 工具，选择 PLD 元器件来实现电路设计。这时可以将上面的描述直接转换成 EDA 工具使用的硬件描述语言送入计算机，由 EDA 工具完成逻辑描述、逻辑综合及仿真等工作，完成电路设计。

自上而下的设计过程并非是一个线性过程，在下一级定义和描述中往往会发现上一级的定义和描述中的缺陷或错漏，因此必须对上一级的定义和描述加以修正，使其更真实地反映系统的要求和客观的可能性。整个设计过程是一个反复修改和补充的过程，是设计者不断完善自己的设计的积极努力的过程。

2．仿真

设计的电路功能如何？能否满足设计要求？这是经常困扰设计者的问题。为了了解电路的设计是否可行，可以采用仿真软件对电路功能进行仿真，从而保证总体电路的设计尽可能满足设计要求，减少实际制作和调试的困难。

3．元器件的选择

设计数字电路时，元器件的选择是非常重要的。因为元器件的选择是否合理直接影响到电路的稳定性、成本和成品体积大小等问题。选择元器件的原则是：在满足设计要求的前提下，所选用的元器件尽量少，成本尽量低。尽量选用同一类型的集成电路芯片，这样可以减少元器件之间出现的电平匹配问题。不同种类的元器件的电特性也不一样，常用的元器件是

TTL 电路和 CMOS 电路。TTL、CMOS 电路的选用原则如表 4.0.1 所示。

表 4.0.1　TTL、CMOS 电路的选用原则

元器件性能要求	选用元器件种类
工作频率在 5MHz 以下，使用方便、成本低、耐用	肖特基低功耗 TTL 电路
工作频率在 30MHz 以上	高速 TTL 电路
工作频率在 1MHz 以下，功耗小、输入阻抗高、抗干扰能力强	普通 CMOS 电路
工作频率在 1MHz～30MHz 之间，功耗小、输入阻抗高、抗干扰能力强	高速 CMOS 电路

4．实验电路的功能测试、故障检查和排除

在实验中，当电路不能实现预期的逻辑功能时，就称电路有故障。通常会遇到三类典型故障：一是设计错误导致的故障，二是布线错误导致的故障，三是元器件与实验板故障。其中大量的故障是由于（导线与实验板插孔、元器件引脚与实验板插孔）接触不良，其次是布线上的错误（漏线和错线），而集成元器件本身的问题是较少的。设计错误在这里指的不是逻辑设计错误，而是指所用的元器件不合适或电路中各元器件之间在配合上的错误。例如，电路动作的边沿选择与电平选择、电路延迟时间的配合，以及某些元器件的控制信号变化对时钟脉冲所处状态的要求等，这些因素在设计时应引起足够的重视。

下面仅介绍在正确设计的前提下，对实验故障的检查方法。

（1）导线全部接好以后，仔细检查一遍。检查集成电路芯片正方向是否插对，包括电源线与地线在内的连线是否有漏线与错线，是否有两个或更多输出端错误地连在一起等。

（2）使用万用表的"欧姆×10"挡或数字万用表"通断"挡，测量实验电路电源端与地线之间的电阻值，排除电源与地线的开路与短路现象。

（3）用万用表测量直流稳压电源输出的电压是否为所需值（+5V），然后接通电源，观察电路及各种元器件有无异常发热等现象。

（4）检查各集成电路芯片是否均已加电。可靠的检查方法是用万用表直接测量集成电路芯片电源端和地线之间的电压。这种方法可以检查出因实验板、集成电路芯片引脚损坏等原因造成的故障。

（5）检查是否有不允许悬空的输入端（如中规模以上的 TTL 电路的控制输入端，CMOS 电路的各输入端等）未接入电路。

（6）进行静态（或单步工作）测量。使电路处在某一输入状态下，观察电路的输出是否与设计要求一致。对照真值表检查电路逻辑是否正常。若发现差错，必须重复测试，仔细观察故障现象，然后把电路固定在某一故障状态，用万用表测试电路中各元器件输入、输出端的电压。

（7）如果无论输入信号怎样变化，输出信号一直保持高电平不变，则可能是因为集成电路芯片没有接地或接地不良。若输出信号保持与输入信号按同样规律变化，则可能是因为集成电路芯片没有接电源。

（8）对于有多个输入端的元器件，如果使用时有闲置的输入端，在检查故障时，可以将使用中的输入端与闲置的输入端调换试用。实验中使用相同元器件替换的方法也是一种有效的检查故障的方法，可以排除元器件功能不正常引起的电路故障。

（9）检查电路故障可用逐级跟踪的方法进行。静态检查是使电路固定处在某一故障状态，

再进行检查；动态检查则是在某一规律信号作用下检查各级电路输出信号的波形。具体检查次序：可以从输入端开始，按信号流向依次逐级向后检查，也可以从故障输出端开始，向输入方向逐级检查，直至找到故障为止。

（10）对于含有反馈线的闭环电路，应设法断开反馈线进行检查，必要时对断开的电路进行状态预置后，再进行检查。

5. 撰写实验设计报告

完成实验后，应提交实验设计报告，这也是对学生写科技论文和科研总结的能力训练。撰写报告时，不仅要将设计、安装、调试和实验结果的测试工作进行全面的总结，而且要把实践内容上升到理论高度。实验设计报告的撰写应该根据实验的设计要求来完成。一般来说，实验设计报告的内容应包括：课题名称，任务与要求，总体设计方案的论证、构思和选定，单元电路的设计，电路图的绘制，组装调试与实验数据的测试，元器件清单和收获、体会等。

4.1　实验一　组合逻辑电路的设计与测试

一、实验目的

掌握组合逻辑电路的设计与测试方法。

二、实验预习要求

（1）查找元器件手册，画出所用中规模集成电路的功能、外部引脚排列及使用方法，并写在预习报告中。

（2）根据实验任务要求设计组合电路，建立输入、输出变量，列出真值表。

（3）根据实际情况选用逻辑门类型，分别用逻辑代数和卡诺图两种方法进行化简，求出简化的逻辑表达式。

（4）根据简化的逻辑表达式，画出用标准元器件构成的逻辑电路图，并标注引脚号。

（5）写出完整设计过程，使用仿真软件进行仿真验证。

思考题：

（1）如何用最简单的方法验证与或非门的逻辑功能是否完好？

（2）与或非门中，当某一组"与"输入端闲置时，应如何处理？

（3）与或非门中，当某一组中的某个"与"输入端闲置时，应如何处理？

三、实验设备与元器件

仔细查看数字电路实验装置的结构，确认元器件的布局及使用方法。具体实验设备与元器件有：

（1）直流稳压电源。

（2）双踪示波器。

（3）数字万用表。

（4）实验箱。

（5）主要元器件：2 个 74LS00（CC4011）、3 个 74LS20（CC4012）、2 个 74LS51（CC4085），以及 74LS02（CC4001）、74LS86（CC4030）、74LS08（CC4081）各 1 个。

四、实验原理

1. 设计组合逻辑电路的一般步骤

使用中，用 SSI 来设计组合逻辑电路是最常见的。设计组合逻辑电路的一般步骤如图 4.1.1 所示，首先根据设计要求建立输入、输出变量，并列出真值表，然后用逻辑代数或卡诺图化简法求出简化的逻辑表达式，并按实际选用逻辑门的类型修改逻辑表达式，根据简化后的逻辑表达式，画出逻辑图，用标准元器件构成逻辑电路，最后用实验来验证设计的正确性。

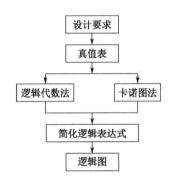

图 4.1.1　设计组合逻辑电路的一般步骤

2. 组合逻辑电路设计举例

用与非门设计一个表决电路：当四个输入端中有三个或四个为 1 时，输出端才为 1。

设计步骤：根据题意列出真值表，如表 4.1.1 所示，再填入卡诺图（如表 4.1.2 所示）中。

由卡诺图得出逻辑表达式，并将其演化成与非的形式：

$$F = ABC + BCD + ACD + ABD = \overline{\overline{ABC} \cdot \overline{BCD} \cdot \overline{ACD} \cdot \overline{ABD}}$$

根据逻辑表达式画出用与非门构成的逻辑电路，如图 4.1.2 所示。

用实验验证此电路的逻辑功能。在实验装置适当位置加入 3 个 14P 插座，按照集成电路芯片定位标记插好 CC4012。按图 4.1.2 接线，输入端 A、B、C、D 接至逻辑开关输出插口，输出端 F 接逻辑电平显示输入插口。按真值表要求，逐次改变输入量，测量相应的输出值，验证逻辑功能，与表 4.1.1 进行比较，验证所设计的逻辑电路是否符合要求。

表 4.1.1　真值表

A	B	C	D	F
0	0	0	0	0
0	0	0	1	0
0	0	1	0	0
0	0	1	1	0
0	1	0	0	0
0	1	0	1	0
0	1	1	0	0
0	1	1	1	1
1	0	0	0	0
1	0	0	1	0
1	0	1	0	0
1	0	1	1	1
1	1	0	0	0
1	1	0	1	1
1	1	1	0	1
1	1	1	1	1

表 4.1.2　卡诺图

CD	AB			
	00	01	11	10
00	0	0	0	0
01	0	0	1	0
11	0	1	1	1
10	0	0	1	0

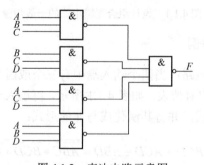

图 4.1.2　表决电路示意图

五、实验内容

（1）设计用与非门及用异或门、与门组成的半加器电路。要求按上文所述的设计步骤进行，直到测试并确定电路逻辑功能符合设计要求为止。

（2）设计一位全加器，要求用异或门、与门及或门组成。

（3）设计一位全加器，要求用 74LS51 实现，其引脚排列如图 4.1.3 所示。

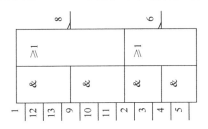

图 4.1.3　74LS51 的引脚排列

（4）设计一个对两个两位无符号的二进制数进行比较的电路；根据第一个数是否大于/等于/小于第二个数，使相应的三个输出端中的一个输出为高电平，要求用与门、与非门及或非门实现。

六、设计报告要求

（1）选择设计方案，画出总电路原理框图，叙述设计思路。

（2）阐述单元电路设计及基本原理分析。

（3）提供参数计算过程和选择元器件的依据。

（4）记录调试过程，对调试过程中遇到的故障进行分析。

（5）记录测试结果并做简要说明。

（6）总结设计过程的体会、创新点、建议。

（7）写出元器件清单。

4.2　实验二　简单的数字频率计

一、实验目的

（1）熟悉中规模集成电路芯片 74LS90（十进制计数器）的功能。

（2）了解频率和周期的数字测量原理。

二、预习要求

（1）查阅所用集成电路芯片的引脚排列、功能及真值表，并写在预习报告中。

（2）用与非门及电阻、电容设计一个多谐振荡器，频率为 100～1000Hz。

（3）用 74LS112 设计一个单脉冲发生器，输入周期性脉冲，输出单脉冲。

（4）用两片 74LS90 设计两位十进制计数器，闸门用与非门实现。此计数器要能够清零。

（5）把上述（1）～（3）的设计组合到一起构成简单的频率计。画出实际电路，并在电路图上注明所用集成电路芯片名称及引脚编号。

（6）用 MultiSim 软件对实验进行仿真和分析。

三、实验设备与元器件

仔细查看数字电路实验装置的结构，确认元器件的布局及使用方法。具体实验设备与元器件有：

（1）直流稳压电源。

（2）双踪示波器。

（3）数字万用表。

（4）实验箱。

（5）主要元器件：74LS90（2 个）、74LS112、74LS00、74LS04、电阻（100Ω）、电容（10μF/16V）、电位器（2kΩ）等。

四、实验原理

1. 数字测频的原理

图 4.2.1 为简单的数字频率计原理框图，它包括以下部分。

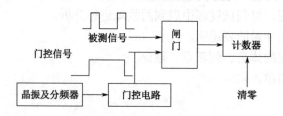

图 4.2.1　数字频率计原理框图

（1）闸门：它由门电路构成，使用时，将要计数的脉冲信号加到一个输入端，将门控信号加在另一个输入端，门控信号控制闸门的开和闭。

（2）石英晶体振荡器（简称晶振）及分频器：前者产生频率已知的稳定振荡，后者把来自晶振的信号分频，以改变门控信号的宽度。

（3）门控电路：把来自分频器的周期性信号变成单脉冲—门控信号。

（4）计数器：对通过闸门的脉冲计数，计数结果经译码后以十进制数的形式显示出来。频率是周期性信号在 1s 内循环的次数。如果在 1s 内，信号循环 N 次，则频率 $f=N$。

图 4.2.2 说明测量频率的原理。加在闸门上的被测信号只有在门控信号为高电平时才能通过闸门并由计数器计数；门控信号为低电平时，闸门关闭，停止计数。若门控信号的高电平时间宽度 ΔT 为已知，则所测频率就是（N 为计数器的计数结果）：

$$f = \frac{N}{\Delta T}$$

为了提高测量频率的准确度，要求在 ΔT 时间内计数的脉冲数要多。如果被测信号的频率低，门控信号的宽度 ΔT 又不够宽，则所测的频率的误差就大。这时可以采用测量周期的方式规避误差的增大。

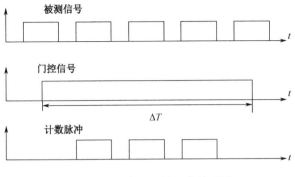

图 4.2.2　频率测量的工作波形图

2. 带 RC 电路的环形多谐振荡器

利用门电路的传输时间，把奇数个与非门首尾相接，可构成多谐振荡器，又称环形多谐振荡器。由于门电路的传输时间只有几十纳秒，所以振荡频率很高，而且不可调。在这种环形电路中加入 RC 延时电路，可以增加延迟时间，通过改变 RC 参数可改变振荡频率，这就是带 RC 电路的环形多谐振荡器，如图 4.2.3 所示。电路中各非门的输入、输出电压波形如图 4.2.4 所示。

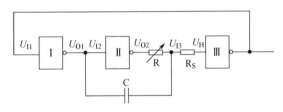

图 4.2.3　带 RC 电路的环形多谐振荡器

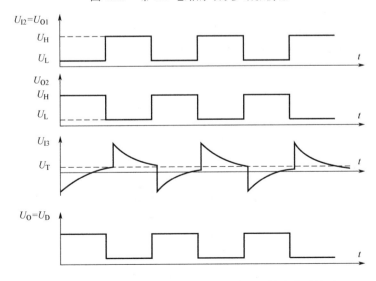

图 4.2.4　环形多谐振荡器中各非门的输入、输出电压波形

很明显，U_O 与 U_H、U_{O1} 与 U_{I1}、U_{I2} 与 U_{O2} 为"非"的关系。由于 RC 的存在，电容的电压不能跃变，所以 U_{I3} 跟随 U_{O2} 一起跃变，而随着电容的充放电时间逐渐变长或变短。当 U_{I3} 达到非门的阈值电压 U_{TH} 时，非门 III 的状态发生翻转。

本电路的振荡周期 $T \approx 2.2RC$，对于 TTL 与非门，R 的阻值不应大于 2kΩ，R_S 的阻值一般为 100Ω 左右。

3. 单脉冲发生器

为了得到单个脉冲的门控信号，可以采用单脉冲发生器，它的输入是周期性脉冲信号。由开关 S 控制，每按一次便输出一个一定宽度的单脉冲，脉冲宽度与按动开关的时间长短无关。仅由输入脉冲的周期决定。图 4.2.5 为单脉冲发生器电路示意图及波形图。

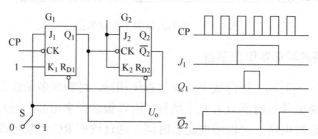

图 4.2.5   单脉冲发生器电路示意图及波形图

其工作过程如下：S 常闭（在 0 端），当电源接通后，由于触发器 2（G_2）的清零端状态为低电平（$R_{D2}=0$），所以 $Q_2=0$，$\overline{Q_2}=1$；触发器 1（G_1）的控制端状态为低电平（$J_1=0$），$K_1=1$，则 $Q_1=0$；当使 S 合到 1 端，则 $J_1=K_1=1$ 且 $R_{D1}=1$，在 CP 作用下，G_1 的状态就要翻转，Q_1 由 0 翻转到 1，到下一个 CP 作用后，Q_1 又由 1 翻转回 0。Q_1 的负跳沿就引起 G_2 状态的翻转（它已具备翻转的条件：$R_{D2}=1$，$J_2=K_2=1$）。Q_2 由 0 翻转到 1，$\overline{Q_2}$ 由 1 翻转为 0。由于 $\overline{Q_2}$ 作用在 G_1 的 R_{D1} 端，所以 $R_{D1}=0$，G_1 被清零。从图 4.2.5 中可见，按下开关 S 时（$J_1=1$），G_1 的输出 Q_1 为单脉冲，其宽度为 CP 的周期。

实验所用 74LS112 是双下降沿 JK 触发器，其引脚排列如图 4.2.6 所示。CP 端是时钟脉冲信号输入端，下降沿触发；R_D 为清零端，S_D 为预置端，低电平有效。其功能如表 4.2.1 所示。

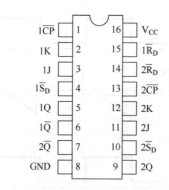

图 4.2.6   74LS112 的引脚排列

表 4.2.1 74LS112 的功能表

输入					输出	
$\overline{S_D}$	$\overline{R_D}$	$\overline{CP}$	J	K	Q	$\overline{Q}$
0	1	×	×	×	1	0
1	0	×	×	×	0	1
0	0	×	×	×	ϕ	ϕ
1	1	↓	0	0	Q_0	$\overline{Q_0}$
1	1	↓	1	0	1	0
1	1	↓	0	1	0	1
1	1	↓	1	1	$\overline{Q_0}$	Q_0
1	1	×	×	×	Q_0	$\overline{Q_0}$

4. 十进制计数器 74LS90

74LS90 为中规模集成计数器，它的引脚图如图 4.2.7 所示，其功能表如表 4.2.2 所示。

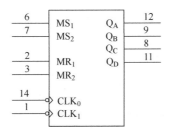

图 4.2.7 74LS90 的引脚图

表 4.2.2 74LS90 的功能表

复位输入				输出			
MR$_1$	MR$_2$	MS$_1$	MS$_2$	Q_D	Q_C	Q_B	Q_A
1	1	0	×	0	0	0	0
1	1	×	0	0	0	0	0
×	×	1	1	1	0	0	1
×	0	×	0	计数			
0	×	0	×	计数			
0	×	×	0	计数			
×	0	0	×	计数			

引脚 CLK$_0$、CLK$_1$ 为计数脉冲输入端，下降沿有效，MR$_1$、MR$_2$ 为清零端（高电平有效），MS$_1$、MS$_2$ 为置 9 端（高电平有效）。

通过不同的连接方式，74LS90 可以实现四种不同的逻辑功能；而且还可借助 MR$_1$、MR$_2$ 对计数器清零，借助 MS$_1$、MS$_2$ 将计数器置 9。其具体功能详述如下：

（1）计数脉冲由 CLK$_0$ 端输入，Q$_A$ 端作为输出端，为二进制计数器。

（2）计数脉冲由 CLK$_1$ 端输入，Q$_D$~Q$_B$ 端作为输出端，为异步五进制加法计数器。

（3）若将 CLK$_1$ 端和 Q$_A$ 端相连，计数脉冲由 CLK$_0$ 端输入，Q$_D$~Q$_A$ 端作为输出端，则构成异步 8421 码十进制加法计数器。

（4）若将 CLK_0 端与 Q_D 端相连，计数脉冲由 CLK_1 端输入，$Q_D \sim Q_A$ 端作为输出端，则构成异步 5421 码十进制加法计数器。

（5）清零、置 9。当 MR_1、MR_2 均为 1，MS_1、MS_2 中有 0 时，实现异步清零功能，即 $Q_D Q_C Q_B Q_A = 0000$；当 MS_1、MS_2 均为 1 时，实现置 9 功能，即 $Q_D Q_C Q_B Q_A = 1001$。

74LS90 的 BCD 计数的真值表及二～五混合进制计数的真值表分别如表 4.2.3 和表 4.2.4 所示；图 4.2.8 为二—十进制 8421 码接线示意图。

表 4.2.3　74LS90 的 BCD 计数的真值表

计数	输出			
	Q_D	Q_C	Q_B	Q_A
0	0	0	0	0
1	0	0	0	1
2	0	0	1	0
3	0	0	1	1
4	0	1	0	0
5	0	1	0	1
6	0	1	1	0
7	0	1	1	1
8	1	0	0	0
9	1	0	0	1

表 4.2.4　74LS90 的二～五混合进制计数的真值表

计数	输出			
	Q_D	Q_C	Q_B	Q_A
0	0	0	0	0
1	0	0	0	1
2	0	0	1	0
3	0	0	1	1
4	0	1	0	0
5	1	0	0	1
6	1	0	0	0
7	1	0	1	0
8	1	0	1	1
9	1	1	0	0

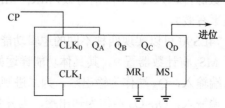

图 4.2.8　二—十进制 8421 码接线示意图

5. 译码及显示

计数器给出的是二进制代码，为了将其表示成十进制数字 0~9，我们应将二进制代码"翻译"并显示出来，通常用七段数码管或液晶显示，图 4.2.9 为七段数码管中发光二极管的布置。7 个发光二极管分别用 a、b、c、d、e、f、g 代表。当在不同发光二极管上加以正电压时，可显示 0~9 的不同数字。例如，图中 a、b、c、d、e、f 上加正电压时，可显示数字 0；在 a、c、d、f、g 上加正电压时，可显示数字 5 等。

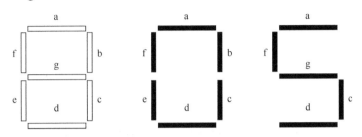

图 4.2.9　发光二极管的布置

现在的问题就变成：如何根据二进制输出信号 $Q_DQ_CQ_BQ_A$ 判断 a~g 七段中哪些要加正电压的问题。例如，$Q_DQ_CQ_BQ_A$=0000 应转换为 a~f 加正电压，而 $Q_DQ_CQ_BQ_A$=0101 应转换为 a、c、d、f、g 加正电压……中规模集成译码器 74LS49N 可以实现这种转换。

实验开始前，在实验箱上应预先装好 74LS49，实验时只要将 74LS90 引脚 Q_D~Q_A 接到 74LS49 相应的插孔上，便能在七段数码管上显示相应的十进制数字。

6. 仿真

熟练使用仿真软件 MultiSim 进行仿真。

五、实验内容

（1）搭接多谐振荡电路，调整参数，使其输出频率范围满足要求，频率用示波器测量。

（2）用 74LS112 搭接单脉冲发生电路，以多谐振荡电路产生的周期性方波为时钟输入信号。

（3）检查 74LS90 的功能，测试各置数端的作用，与其功能表对照。

（4）用两片 74LS90 组装成二位十进制计数器，与实验箱上的数码显示部分连接，以防抖开关输入计数脉冲信号，检查这部分的工作是否正常及能否清零。

（5）将以上各部分组装成简单频率计。多谐振荡电路的周期取为 0.01s（用示波器测定）。假设其工作正常，以实验箱输出的时钟脉冲信号（Φ、$\Phi/2$、$\Phi/4\cdots$）为被测信号（"/2"代表 2 分频，以此类推），用设计组装的频率计测它们的频率。测量时要先调时钟脉冲信号 Φ 的频率，使设计的频率计能读出数字，并且读出的数值比较大。

六、设计报告要求

（1）选择设计方案，画出总电路原理框图，叙述设计思路。

（2）阐述单元电路设计及基本原理分析。

（3）提供参数计算过程和选择元器件的依据。

（4）记录调试过程，对调试过程中遇到的故障进行分析。

（5）记录测试结果并进行简要说明。

（6）写出设计过程的体会、创新点与建议。

（7）列出元器件清单。

七、思考题

怎样用 74LS90 搭接 60 分频电路？如果这时的计数器脉冲为秒信号的话，那就构成了电子秒表。

4.3　实验三　简易数字钟

一、实验目的

（1）学会用层次化设计方法进行逻辑设计。

（2）掌握集成计数器的原理和应用。

二、预习要求

（1）查阅所用集成电路芯片的引脚排列、功能及真值表，并写在预习报告中。

（2）根据实验要求进行电路设计。

（3）熟练使用仿真软件 MultiSim 进行仿真。

三、实验设备与元器件

仔细查看数字电路实验装置的结构，确认元器件的布局及使用方法。具体实验设备与元器件有：

（1）直流稳压电源。

（2）双踪示波器。

（3）数字万用表。

（4）实验箱。

（5）主要元器件：74LS48、74LS90、74LS74、晶振、门电路、七段数码管等。

四、实验原理

所谓数字钟，是指利用电子电路构成的计时器。数字钟应能实现计时并显示小时、分钟、秒的功能。同时，该钟具有校时功能。

对于数字钟，要实现其功能，电路中应含有精确的秒脉冲信号发生器、计数器、显示电路。其功能框图如图 4.3.1 所示。

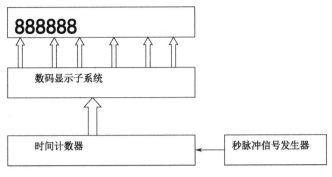

图 4.3.1 数字钟功能框图

1．秒脉冲信号发生器

秒脉冲信号发生器可产生时钟电路的基准信号，产生秒脉冲信号（简称秒信号）的电路模型很多，如 555 多谐振荡器，双、单 RC 振荡器，施密特触发器构成的振荡器，RC 环形振荡器等。然而，上述电路的振荡频率易受环境影响，故不宜采用。实际电路中选取振荡频率稳定性较好的晶振，且为提高秒信号精度，采用高频晶振，经分频器分频得到秒信号。在本实验中采用 555 多谐振荡电路。

2．时间计数器

时间计数器是实现时钟功能的核心电路。根据时钟计时方式可知，时间计数器应由一个二十四进制加法计数器和两个六十进制加法计数器组成，其组成框图如图 4.3.2 所示。

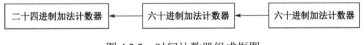

图 4.3.2 时间计数器组成框图

由于标准集成电路芯片中没有所需进制的计数器（二十四进制、六十进制），故需要利用现成的标准集成计数器进行组合，达到所需进制要求。

所谓计数器的组合，是指在集成计数器计数时序（N 进制）基础上，利用集成计数器的附加功能端及外加译码电路，改变集成计数器的计数时序（M 进制）。这时就有 $M<N$ 和 $N<M$ 两种可能的情况。

1）$M<N$

在 N 进制计数器的顺序计数过程中，若设法使之跳过 $N\text{-}M$ 个状态，即可得到 M 进制计数器。实现跳跃的方法有清零法（或称复位法）和置位法。

（1）清零法：通过对集成计数器输出端进行选择译码，产生复位信号反馈给集成计数器附加复位端，达到改变集成计数器计数时序的目的。由于集成计数器只有同步复位和异步复位两种附加复位端，因而清零法又分异步清零法和同步清零法两种。

①异步清零法：对于 N 进制集成计数器，当其从全零状态 S_0 开始计数并接收 M 个计数

脉冲后，进入 S_M 状态。若通过外接译码电路，在 S_M 状态产生时，译码产生一个清零信号加到计数器的异步清零输入端，则计数器将立即返回 S_0 状态，达到跳过 N-M 个状态而得到 M 进制计数器的目的。

由于电路一进入 S_M 状态后立即又被置成 S_0 状态，所以 S_M 状态仅在极短的瞬时出现，故 S_M 状态只是一个暂态，不属于电路的有效状态。计数有效状态为 $S_0 \sim S_{M-1}$。

②同步清零法：对于 N 进制集成计数器，当其从全零状态 S_0 开始计数并接收 M-1 个计数脉冲后，进入 S_{M-1} 状态。若通过外接译码电路，在 S_{M-1} 状态产生时，译码产生一个清零信号加到计数器的同步清零输入端，则计数器将在下一个时钟脉冲信号到来后返回 S_0 状态，达到跳过 N-M 个状态而得到 M 进制计数器的目的。计数有效状态为 $S_0 \sim S_{M-1}$。

（2）置位法：通过对集成计数器输出端进行选择译码，产生置位信号反馈给集成计数器附加置位端，通过对并行数据输入端的设置（计数起始态），达到改变集成计数器计数时序的目的。由于集成计数器具有同步置位和异步置位两种附加置位端，因而，置位法又分异步置位法和同步置位法两种。

①异步置位法：对于 N 进制集成计数器，当其从全零状态 S_0 开始计数并接收 M 个计数脉冲后，进入 S_M 状态。若通过外接译码电路，在 S_M 状态产生时，译码产生一个置位信号加到计数器的异步置位输入端，则计数器将立即被置数，进入起始状态。当计数器进入起始状态后，其置位端无效，电路又进入计数状态。通过置位编程，除第一个计数循环从全零状态 S_0 开始外，其余计数循环均从起始状态开始，达到跳过 N-M 个状态而得到 M 进制计数器的目的。

由于电路一进入 S_M 状态后立即又被置成起始状态，所以 S_M 状态仅在极短的瞬时出现，故 S_M 状态只是一个暂态，不属于电路的有效状态。

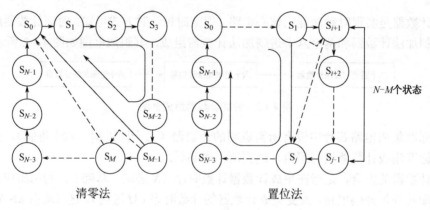

图 4.3.3　计数器的组合原理示意图

②同步置位法：对于 N 进制集成计数器，当其从全零状态 S_0 开始计数并接收 M-1 个计数脉冲后，进入 S_{M-1} 状态。若通过外接译码电路，在 S_{M-1} 状态产生时，译码产生一个置位信号加到计数器的同步置位输入端，则计数器将在下一个时钟脉冲信号到来后返回起始状态，达到跳过 N-M 个状态而得到 M 进制计数器的目的。

2）$M > N$

当 $M > N$ 时，必须用多片 N 进制计数器组合构成 M 进制计数器。各片之间的连接方式可分为串行进位方式、并行进位方式、整体清零方式和整体置位方式。

（1）串行进位方式：若 M 可以分解为小于 N 的多个因数相乘，即：$M=N_1 \times N_2 \times \cdots \times N_i$，则可以采用串行进位方式将 N_1、N_2、$\cdots$、N_i 这 i 个 N 进制计数器连接起来，构成 M 进制计数器。

在串行进位方式中，首先必须将 i 个 N 进制计数器的进制分别调整为 N_1、N_2、$\cdots$、N_i，然后，以低位片的进位信号作为其高一位计数器的时钟信号，依此方法，将 i 个计数器连接起来，构成 M 进制计数器。

（2）并行进位方式：若 M 可以分解为多个小于 N 的因数相乘，即：$M=N_1 \times N_2 \times \cdots \times N_i$，则可以采用并行进位方式将 i 个 N 进制计数器连接起来，构成 M 进制计数器。

在并行进位方式中，首先必须选用具有附加保持/计数功能端的集成计数器，将 i 个 N 进制计数器的进制分别调整成 N_1、N_2、$\cdots$、N_i，然后，将这 i 个计数器的时钟端并联，并令 N_2 进制计数器的附加保持/计数功能端接受 N_1 进制计数器进位输出端的控制，N_i 进制计数器的 i 个附加保持/计数功能端分别接受前 $i-1$ 个计数器的附加保持/计数功能端的控制，构成 M 进制计数器。

（3）整体清零方式：当 M 不能分解为 N_1、N_2、$\cdots$、N_i 相乘时，上面介绍的并行进位方式和串行进位方式就行不通，这时必须采用整体清零方式或整体置位方式。

所谓整体清零方式，是首先将 i 片 N 进制计数器按最简单的方式接成一个进制大于 M 的计数器，其进制为 N^i，然后在计数器进入 S_M 状态时译出清零信号，并反馈给 i 片 N 进制计数器的附加清零端同时清零，此方式的原理同 $M<N$ 时的清零法。

（4）整体置位方式：所谓整体置位方式，是首先将 i 片 N 进制计数器按最简单的方式接成一个进制大于 M 的计数器，进制为 N^i，然后在选定的某一状态下译出置位信号，并反馈给 i 片计数器的附加置位端，使其同时置位，并进入预先设定好的起始态，跳过多余的状态，获得 M 进制计数器，此方式的原理同 $M<N$ 时的置位法。

3）数码显示子系统

为了能直观地观察时钟的计时情况，必须将时间计数器的每一位以十进制数形式显示出来。由时间计数器的结构可知，小时、分钟、秒的数码均由两位 8421BCD 码组成，为了能将其以十进制数形式显示，需要选择合适的数码显示元器件。在实际设计中，若要节省能源，可选用 LCD 数码显示元器件；若要求亮度适中且可靠，则可选用 LED 数码显示元器件。由于 8421BCD 码不能直接驱动共阴极七段数码管，故需要选用代码转换器。

五、实验内容

（1）基本要求：设计一个简易数字钟，能按时钟功能进行小时、分钟、秒计时，显示时间及调整时间。

（2）拓展任务 1：在简易数字钟基础上，增加整点报时功能。

（3）拓展任务 2：在拓展任务 1 的基础上，增加定时闹钟功能。

（4）拓展任务 3：改进电路，增加秒表功能，同时显示分为小时、分钟、秒和秒表计时。

六、设计报告要求

（1）选择设计方案，画出总电路原理框图，叙述设计思路。

（2）阐述单元电路设计及基本原理分析。

（3）提供参数计算过程和选择元器件的依据。

（4）记录调试过程，对调试过程中遇到的故障进行分析。

（5）记录测试结果并进行简要说明。

（6）总结设计过程的体会、创新点与建议。

（7）列出元器件清单。

4.4　实验四　顺序数字锁

一、实验目的

顺序数字锁简称顺序锁，是同步时序网络的一个典型实例。通过该实验可以学习同步时序网络的设计、安装与测试。

二、预习要求

（1）查阅所用集成电路芯片的引脚排列、功能及真值表，并写在预习报告中。

（2）设计一个有两位密码的顺序锁。写明设计过程，画出逻辑图，从所给集成电路芯片中选用所需要的。画出接线图并注明引脚编号。单脉冲信号由实验箱提供。

（3）熟练使用仿真软件 MultiSim 进行仿真。

三、实验设备与元器件

仔细查看数字电路实验装置的结构，确认元器件的布局及使用方法。具体实验设备与元器件有：

（1）直流稳压电源。

（2）双踪示波器。

（3）数字万用表。

（4）实验箱。

（5）主要元器件：74LS74、74LS153、74LS86、74LS00、74LS02、74LS10。

四、实验原理

1. 同步时序网络设计简述

（1）逻辑描述。根据实际情况，确定状态的个数及变化条件，画出状态流程图，并进行简化。

（2）状态分配。用二进制码（如 00、01、10、11）等取代原来用非二进制码（如 A、B、C、D 等）表示的状态，由此确定所需触发器的个数。若最简状态数为 N，则所需触发器数

M 应满足 $2^M \geq N$ 或 $M \geq \log_2 N$。

（3）选用触发器。通常用 D 触发器或 JK 触发器。

（4）求激励方程。根据所选触发器的状态表，求各触发器控制端，即 D 触发器的 D 端或 JK 触发器的 J、K 端的激励方程，并对其进行简化，得到最简逻辑表达式。

（5）搭接电路，对电路进行静态和动态测试。

2. 举例说明上述设计步骤。

[例]：设计一个"111"序列检出器，当输入量 X 包含连续 3 个或更多个 1 时，输出 Z 为 1，否则，Z 为 0。

（1）逻辑描述。有下面四种可能情况。

①初始状态，从输入端输入的是 0，则输出 Z 为 0。记为状态 A。

②从输入端先输入了 1 个 1，然后又输入了一个 0，则输出 Z 为 0。记为状态 B。

③从输入端连续输入了 2 个 1，然后又输入一个 0，则输出 Z 为 0。记为状态 C。

④从输入端连续输入了 3 个 1，或更多的 1，则输出为 Z 为 1。然后，一旦来了 0，则回到初始状态。记为状态 D。

根据题意可画出基本的状态流程图，如图 4.4.1（a）所示。图中每个圆圈中的字母都代表一个状态，各状态之间的连线及箭头表示状态的变迁，连线旁边的数字为"输入/输出"，表示状态变迁的条件及结果。

从图 4.4.1（a）中可见，状态 C 和 D 有相同的输入、输出关系，因此它们是相同的，可以简化为图 4.4.1（b）的形式。

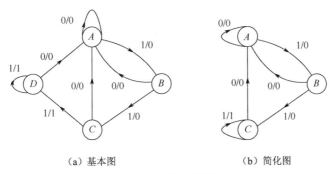

(a) 基本图 　　　　　　　　　(b) 简化图

图 4.4.1　状态流程图

（2）状态分配。因为 $N=3$，所以选两个触发器即可，具体的状态分配如表 4.4.1 所示。

表 4.4.l　状态分配

状态	Q_1	Q_2
A	0	0
B	0	1
C	1	0
不用	1	1

（3）选择触发器：选用 D 触发器。

（4）求激励方程。表 4.4.2 是根据状态流程图和 D 触发器的功能表列出的状态转换表。表中 Q_1、Q_2 为触发器现在的状态；Q_1'、Q_2' 是触发器的下一个状态，X、Z 分别为输入和输出；D_1、D_2 是为了得到下一个状态，D_1、D_2 端应具有的电平。

表 4.4.2　状态转换表

X	Q_1	Q_2	Q_1'	Q_2'	D_1	D_2	Z
0	0	0	0	0	0	0	0
1	0	0	0	1	0	1	0
0	0	1	0	0	0	0	0
1	0	1	1	0	1	0	0
0	1	0	0	0	0	0	0
1	1	0	0	1	0	1	1

由表 4.4.2 可得激励方程：

$$D_1 = X Q_2 \overline{Q_1} + X Q_1 \overline{Q_2}$$

$$D_2 = X \overline{Q_1} \overline{Q_2}$$

也可以得到输出方程：

$$Z = X Q_1 \overline{Q_2}$$

因为 $Q_1 = Q_2 = 1$ 的状态是不使用的，上面三式可简化为：

$$D_1 = X(Q_1 + Q_2) = X \overline{\overline{Q_1} \cdot \overline{Q_2}}$$

$$D_2 = X \overline{Q_1} \overline{Q_2}$$

$$Z = X Q_1$$

（5）搭接电路。此同步时序网络的逻辑图如图 4.4.2 所示，其中 CP 为系统时钟脉冲信号。

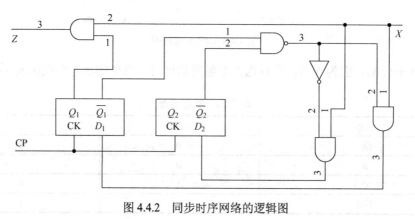

图 4.4.2　同步时序网络的逻辑图

（6）对电路进行静态、动态实验。

静态实验：用单脉冲信号作为 CP，改变 X，用发光二极管观察 Z 的状态，其主要目的在于验证设计的正确性。

动态实验：将两个脉冲信号作为 CP、X，使其满足一定逻辑关系，用示波器观察 Z 的波形。

3. 顺序锁的工作原理

图 4.4.3 为顺序锁的组成原理简图。它分为同步时序网络、密码设置、比较、开锁及报警四部分。现分别介绍其作用。

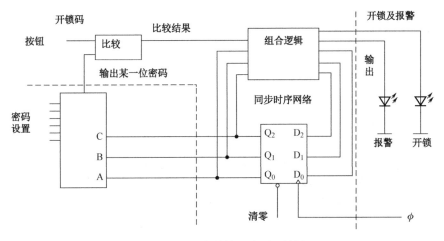

图 4.4.3　顺序锁的组成原理简图

（1）密码设置：预先设定顺序锁的密码，当开锁码与密码经过比较被判定完全一致时，顺序锁打开；否则报警。密码可以改变。

（2）比较、开锁及报警：在时钟脉冲作用下，开锁码与密码逐位比较，若第一位的比较结果一致，则进行下一位数码的比较，一直比较到最末一位数码。比较结果输入到同步时序网络，只要比较结果不一致，同步时序网络就发出报警信号。当开锁码与密码完全一致时，同步时序网络便发出开锁信号。

（3）同步时序网络：它以比较结果为输入量，通过状态转换，给出开锁信号或报警信号。当某一位开锁码与相应位的密码符合时，同步时序网络改变到下一个状态，控制密码设置部分输出下一位密码，再与相应位的开锁码相比较，直到每一位开锁码与相应位的密码完全符合时，同步时序网络才输出开锁信号。只要有一位不符合，同步时序网络就马上输出警报信号。顺序锁的状态图如图 4.4.4 所示。

符号：X/Z_1Z_2

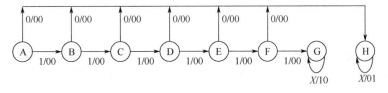

图 4.4.4　状态图

状态图表明，起始状态为 A，当输入 X 为 1 时，系统状态依次变迁到 B、C、D、E、F

和 G，最后输出 Z_1 为 1，锁打开。在以上过程中，只要输入 X 为 0，则系统状态立即转至 H，并使输出 Z_2 为 1，发出报警。在 G 和 H 两种状态下，不管 X 为何值，系统状态不变。

X 为 0 或 1，由六位密码中的某一位与六位开锁码的相应位的比较结果决定，相符为 1，否则为 0。时钟信号由单脉冲信号提供。

五、实验内容

（1）搭接比较电路，检查其功能。
（2）搭接同步时序网络，检查状态转换情况是否正确。
（3）搭接密码设置电路，检查是否随同步时序网络状态的改变，而依次输出一位密码。
（4）将以上各部分接在一起进行联调，将输入端、输出端接发光二极管以显示其状态。

六、设计报告要求

（1）选择设计方案，画出总电路原理框图，叙述设计思路。
（2）阐述单元电路设计及基本原理分析。
（3）提供参数计算过程和选择元器件的依据。
（4）记录调试过程，对调试过程中遇到的故障进行分析。
（5）记录测试结果并进行简要说明。
（6）总结设计过程的体会、创新点与建议。
（7）列出元器件清单。

4.5　实验五　简易交通灯电路

一、实验目的

（1）了解循环码节拍分配器的工作原理、设计方法及应用。
（2）实现简易交通灯电路的设计。
（3）学会用 MultiSim 设计简易交通灯电路。

二、预习要求

（1）查阅所用集成电路芯片的引脚排列、功能及真值表，并写在预习报告中。
（2）设计一个简易交通灯控制电路。写明设计过程，画出逻辑图，从所给集成电路芯片中选用所需要的。画出接线图并注明引脚号码。
（3）熟练使用仿真软件 MultiSim 进行仿真。

三、实验仪器及元器件

仔细查看数字电路实验装置的结构，确认元器件的布局及使用方法。具体实验设备与元器件有：

（1）直流稳压电源。

（2）双踪示波器。

（3）数字万用表。

（4）实验箱。

（5）主要元器件：74LS193（1 片）、74LS138（1 片）、其他逻辑门电路若干。

四、实验原理

1．节拍分配器工作原理

如图 4.5.1 所示，节拍分配器由 N 进制计数器和 N 线译码器组成，对应计数器的 2^N 个状态，译码器使 2^N 个输出端中只有一个输出端呈现有效电平。在时钟脉冲信号的作用下，计数器改变状态，译码器的各个输出端就轮流出现有效电平。

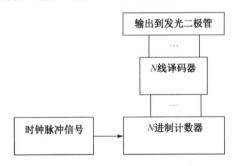

图 4.5.1 节拍分配器

当计数器是循环计数器时，该节拍分配器就称为循环码节拍分配器，常用于计算机通信设备中。图 4.5.2 为由 JK 触发器构成的节拍分配器。

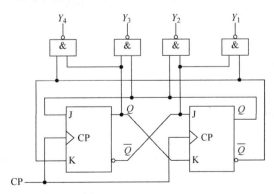

图 4.5.2 由 JK 触发器构成的节拍分配器

设计节拍分配器的一般过程是：

（1）写出触发器的控制函数及电路的输出函数。

（2）写出触发器的状态方程。

（3）画出电路状态转换表及转换图。

（4）画出逻辑电路。

2. 节拍分配器的应用

基于节拍分配器的原理，可以设计彩灯控制器。利用译码器的各个输出端去控制不同的彩灯亮或不亮。当将每两个彩灯同时连在译码器的同一输出端时，彩灯就会两个两个地亮，以此类推。当在一个彩灯环中有多组彩灯时，把每组的同色彩灯连接在译码器的同一输出端，就会产生循环移动的视觉效果（但要考虑驱动问题）。

五、实验内容

1. 设计一个循环码节拍分配器应用电路——简易交通灯电路

1）基本要求

（1）译码器 3 个输出端分别表示红、绿、黄三灯，交通灯亮的顺序是红、黄、绿、红……单向循环点亮。

（2）输出用发光二极管显示。

（3）三种灯亮的时间：红、绿灯每次亮 10s，黄灯每次亮 5s。

2）提高要求

（1）译码器 3 个输出端分别表示红、绿、黄三灯，交通灯亮的顺序是红、黄、绿、黄、红、黄……依次循环点亮（双向循环）。

（2）电路具有手动控制功能，能使某种颜色的彩灯点亮的时间为定值。

3）设计提示

（1）利用节拍分配器原理设计此电路，由计数器和译码器实现彩灯按要求循环点亮，计数器由统一的时钟脉冲信号（CP）控制，本次实验红灯、绿灯与黄灯亮的时间比为 2：2：1，故可利用译码器的两个输出引脚表示红灯及绿灯，一个输出引脚表示黄灯，通过改变 CP 频率，即可实现实验目标。此外，加入控制信号 P，使 $CP=CP_1×P$，则当 $P=1$ 时，实现自动控制；当 $P=0$ 时，实现手动控制。

（2）借助 MultiSim 仿真软件检验设计结果，并做出分析。

（3）在实验现场验证所设计电路的功能。

六、实验注意事项

（1）74LS138 译码器控制端 $E_1E_2E_3=001$ 时才可译码，译码输入端是 C、B、A（由高到低）。

（2）译码器输出端为低电平有效，要考虑发光二极管的极性。

（3）74LS193 清零端为高电平有效。

七、设计报告要求

（1）选择设计方案，画出总电路原理框图，叙述设计思路。
（2）阐述单元电路设计及基本原理分析。
（3）提供参数计算过程和选择元器件的依据。
（4）记录调试过程，对调试过程中遇到的故障进行分析。
（5）记录测试结果并进行简要说明。
（6）总结设计过程的体会、创新点与建议。
（7）列出元器件清单。

八、思考题

（1）上述交通灯电路中，如果要求灯亮时间可调，该如何设计？
（2）试应用节拍分配器设计一彩灯循环电路，要求六彩灯循环亮灭。

4.6 实验六 汽车尾灯控制电路

一、实验目的

（1）实现汽车尾灯控制电路的设计。
（2）学会用 MultiSim 设计汽车尾灯控制电路。

二、预习要求

（1）查阅所用集成电路芯片的引脚排列、功能及真值表，并写在预习报告中。
（2）设计汽车尾灯控制电路。写明设计过程，画出逻辑图，从所给集成电路芯片中选用所需要的。画出接线图并注明引脚编号。
（3）熟练使用仿真软件 MultiSim 进行仿真。

三、实验设备与元器件

仔细查看数字电路实验装置的结构，确认元器件的布局及使用方法。具体实验设备与元器件有：
（1）直流稳压电源。
（2）双踪示波器。

（3）数字万用表。

（4）实验箱。

（5）主要元器件：74LS112、74LS138、74LS00、74LS10、74LS86，以及若干电阻、电容等。

四、实验原理

1. 汽车尾灯控制电路的功能要求

假设汽车尾部左右两侧各有三个指示灯（用发光二极管模拟），要求：汽车正常运行时指示灯全灭；右转弯时，右侧 3 个指示灯按右循环顺序点亮；左转弯时左侧三个指示灯按左循环顺序点亮；刹车时所有指示灯同时闪烁。

尾灯与汽车运行状态关系如表 4.6.1 所示。

表 4.6.1　尾灯和汽车运行状态关系表

开关控制		运行状态	左尾灯	右尾灯
S_1	S_0		$D_4D_5D_6$	$D_1D_2D_3$
断开	断开	正常运行	灯灭	灯灭
断开	闭合	右转弯	灯灭	按 $D_1D_2D_3$ 顺序循环点亮
闭合	断开	左转弯	按 $D_4D_5D_6$ 顺序循环点亮	灯灭
闭合	闭合	临时刹车	所有的尾灯随时钟 CP 的频率同时闪烁	

2. 汽车尾灯控制电路的设计思想

1）总体框图设计

由于汽车左转或右转时，有三个指示灯循环点亮，所以用三进制计数器控制译码器电路顺序输出低电平，从而实现循环点亮。由此得出在每种运行状态下，各指示灯与各给定条件（S_1、S_0、CP、Q_1、Q_0）的关系，即逻辑功能表如表 4.6.2 所示（表中 0 表示灯灭/低电平/断开状态，1 表示灯亮/高电平/闭合状态），由此得出总体原理框图，如图 4.6.1 所示。

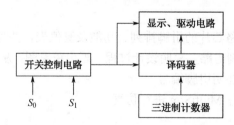

图 4.6.1　汽车尾灯控制电路总体原理框图

2）单元电路设计

三进制计数器电路可由双 JK 触发器 74LS112 构成，可根据表 4.6.2 自行设计。

表4.6.2 汽车尾灯控制逻辑功能表

开关控制		三进制计数器		六个指示灯					
S_1	S_0	Q_1	Q_0	D_6	D_5	D_4	D_1	D_2	D_3
0	0	*	*	0	0	0	0	0	0
0	1	0	0	0	0	0	1	0	0
		0	1	0	0	0	0	1	0
		1	0	0	0	0	0	0	1
1	0	0	0	0	0	1	0	0	0
		0	1	0	1	0	0	0	0
		1	0	1	0	0	0	0	0
1	1	*	*	CP	CP	CP	CP	CP	CP

汽车尾灯控制电路示意图如图 4.6.2 所示，其显示驱动电路由 6 个发光二极管和 6 个反相器构成，译码电路由 3 线-8 线译码器 74LS138 和 6 个与非门构成。74LS138 的三个输入端 A_2、A_1、A_0 分别接三进制计数器的 S_1、Q_1、Q_0 端，Q_1、Q_0 是三进制计数器的输出端。当控制信号 $S_1=0$，使能信号 $A=G=1$，计数器的状态为 00/01/10 时，74LS138 对应的输出信号 $\overline{Y_0} \sim \overline{Y_2}$ 依次为 0，有效（$\overline{Y_3} \sim \overline{Y_5}$ 信号为 1，无效），即反相器 $G_1 \sim G_3$ 的输出也依次为 0，故指示灯按 $D_1 \to D_2 \to D_3$ 顺序点亮，示意汽车右转。若上述条件不变，而 $S_1=1$，则 74LS138 对应的输出信号 $\overline{Y_3} \sim \overline{Y_5}$ 依次为 0，有效，即反相器 $G_4 \sim G_6$ 的输出依次为 0，故指示灯按 $D_4 \to D_5 \to D_6$ 顺序点亮，示意汽车左转。当 $G=0$、$A=1$ 时，74LS138 的全部输出信号均为 1，G_0、G_1 的输出信号也全为 1，指示灯全灭；$G=0$、$A=CP$ 时，指示灯随 CP 的频率闪烁。

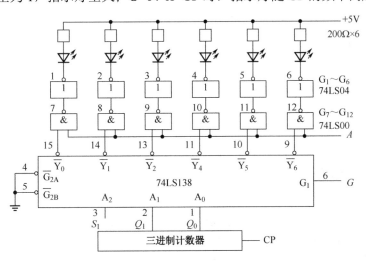

图 4.6.2 汽车尾灯控制电路示意图

对于开关控制电路，设 74LS138 和显示驱动电路的使能端信号分别为 G 和 A，根据总体逻辑功能表分析及组合得 G、A 与给定条件（S_1、S_0、CP）的关系如表 4.6.3 所示，由此得到逻辑表达式：

$$G = S_1 \oplus S_0$$

$$A = \overline{\overline{S_1 S_0}} + S_1 S_0$$

$$CP = \overline{S_1 S_0 \cdot \overline{S_1 S_0 CP}}$$

表 4.6.3　S_1、S_0、CP 与 G、A 关系表

开关控制		CP	使能信号	
S_1	S_0		G	A
0	0		0	1
0	1		1	1
1	0		1	1
1	1	CP	0	CP

根据上述各式设计的开关控制电路示意图如图 4.6.3 所示。

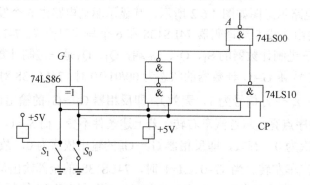

图 4.6.3　开关控制电路示意图

五、实验内容

（1）搭接三进制计数器，检查其功能。

（2）搭接译码、显示电路，检查电路连接是否正确。

（3）将以上各部分接在一起并进行联调。

六、设计报告要求

（1）选择设计方案，画出总电路原理框图，叙述设计思路。

（2）阐述单元电路设计及基本原理分析。

（3）提供参数计算过程和选择元器件的依据。

（4）记录调试过程，对调试过程中遇到的故障进行分析。

（5）记录测试结果并进行简要说明。

（6）总结设计过程的体会、创新点与建议。

（7）列出元器件清单。

4.7　实验七　多路智力竞赛抢答器

一、实验目的

（1）实现多路智力竞赛抢答器的设计。

（2）学会用 MultiSim 设计多路智力竞赛抢答器电路。

二、预习要求

（1）查阅所用集成电路芯片的引脚排列、功能及真值表，并写在预习报告中。

（2）设计多路智力竞赛抢答器。写明设计过程，画出逻辑图，从所给集成电路芯片中选用所需要的。画出接线图并注明引脚编号。

（3）熟练使用仿真软件 MultiSim 进行仿真。

三、实验设备与元器件

仔细查看数字电路实验装置的结构，确认元器件的布局及使用方法。具体实验设备与元器件有：

（1）直流稳压电源。

（2）双踪示波器。

（3）数字万用表。

（4）实验箱。

（5）主要元器件：74LS279、74LS48、74LS148、74LS192、74LS121、74LS00、74LS20、NE555、3DG130、扬声器、七段数码管（共阴极），以及若干电阻、电容等。

四、实验原理

（一）抢答器的功能要求

1. 基本功能

（1）设计一个智力竞赛抢答器，可同时供 8 名选手参加比赛，他们的编号分别是 0～7，各用一个抢答按键，按键的编号与选手的编号相对应，分别是 S_0～S_7。

（2）给主持人设置一个控制开关，用来控制系统的清零（编号显示七段数码管熄灭）和抢答的开始。

（3）抢答器具有数据锁存和显示的功能。抢答开始后，若有选手按动抢答按键，其编号立即被锁存，并在七段数码管上显示，同时扬声器给出声音提示。此外，要封锁输入电路，禁止其他选手抢答。抢答成功的选手的编号一直保持显示，直到主持人将系统清零为止。

2. 扩展功能

（1）抢答器具有限定抢答时长的功能，且抢答的时长可以由主持人设定（如 30s）。当主持人将控制开关置于"开始"挡位后，要求定时器立即进行倒计时，并用显示器显示剩余时长，同时扬声器发出短暂的声响，声响持续时间约 0.5s。

（2）参赛选手在规定的时间内抢答，若抢答成功，定时器停止工作，显示器上显示抢答成功选手的编号和抢答的时刻，上述内容持续显示，直到主持人将系统清零为止。

（3）如果直到抢答结束都没有选手抢答，则本次抢答无效，系统短暂报警，并封锁输入电路，禁止选手超时后抢答，显示器上显示 00。

（二）抢答器的组成

抢答器的总体框图如图 4.7.1 所示，它由主体电路和扩展电路两部分组成。

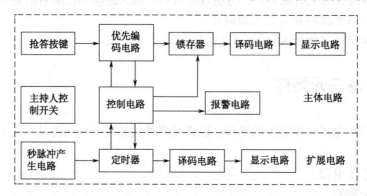

图 4.7.1　抢答器的总体框图

主体电路完成基本的抢答功能，即开始抢答后，当选手按下抢答按键时，能显示抢答成功选手的编号，同时能封锁输入电路，禁止其他选手抢答。扩展电路完成定时抢答的功能。

抢答器的工作过程：接通电源后，主持人将控制开关置于"清除"挡位，抢答器处于禁止工作状态，编号显示器不显示任何信息，时间显示器显示设定的时间；当主持人宣布抢答题目后，提示"抢答开始"，同时将控制开关拨到"开始"挡位，扬声器给出声响提示，抢答器处于工作状态，定时器开始倒计时；当定时时间到，却没有选手抢答时，系统报警，并封锁输入电路，禁止选手超时后抢答。当选手在定时时间内按下抢答按键时，抢答器要完成以下工作：

（1）优先编码电路立即分辨出抢答者的编号，并由锁存器将此编号信息进行锁存，然后由译码显示电路显示编号。

（2）扬声器发出短暂声响，提醒主持人注意。

（3）控制电路要对电路进行封锁，避免其他选手再次进行抢答。

（4）控制电路要使定时器停止工作，时间显示器上显示剩余的抢答时间，并保持到主持人将系统清零为止。

当选手将问题回答完毕，主持人操作控制开关，使系统恢复到禁止工作状态，以便进行下一轮抢答。

五、实验内容

（1）搭接优先编码电路，检查其功能。

（2）搭接译码、显示及报警电路，检查电路是否正确。

（3）将以上各部分连接起来，进行整体调试。

六、设计报告要求

（1）选择设计方案，画出总电路原理框图，叙述设计思路。

（2）介绍单元电路设计及基本原理分析。

（3）提供参数计算过程和选择元器件依据。

（4）记录调试过程，对调试过程中遇到的故障进行分析。

（5）记录测试结果并做简要说明。

（6）写出设计过程的体会与创新点、建议。

（7）列出元器件清单。

4.8　实验八　多功能流水灯

一、实验目的

（1）实现多功能流水灯的设计。

（2）学会用 MultiSim 设计多功能流水灯电路。

二、预习要求

（1）查阅所用集成电路芯片的引脚排列、功能及真值表，并写在预习报告中。

（2）掌握 555 定时电路的工作原理及内部结构。

（3）了解计数分频器和加减计数器的工作原理。

（4）掌握 4 线-10 线译码器和 D 触发器的工作原理。

（5）掌握用 555 定时电路组成振荡器的设计方法，并会计算参数。

（6）熟练使用仿真软件 MultiSim 进行仿真。

三、实验设备与元器件

仔细查看数字电路实验装置的结构，确认元器件的布局及使用方法。具体实验设备与元

器件有:

（1）直流稳压电源。

（2）双踪示波器。

（3）数字万用表。

（4）实验箱。

（5）主要元器件:CD4017、CD4510、CD4028、555定时电路及发光二极管。

四、实验原理

1. 多功能流水灯的功能要求

多功能流水灯电路可实现定时功能,即在预定的时刻到来时,产生一个控制信号控制彩灯的流向、亮灭间隔等,可利用中规模集成电路芯片中可逆计数器和译码器来实现正、逆流水功能,利用组合电路实现自控、手控等功能。

2. 基本原理及电路原理框图

利用555定时电路组成一个多谐振荡器,发出连续脉冲信号,作为计数器的时钟脉冲信号源。通过分频器改变时钟脉冲信号的频率,从而改变彩灯流速;选用加/减计数器,可以改变彩灯流向。计数器的输出端接到译码器输入端,以实现流水的效果。流向和间歇控制电路的控制信号周期应该大于多谐振荡器基础时钟信号周期,可利用分频器,通过分频得到所需要的控制信号,多功能流水灯电路原理框图如图4.8.1所示。

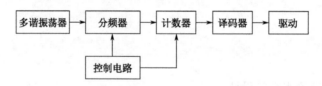

图4.8.1　多功能流水灯电路原理框图

为了实现人眼能分辨的灯光流水效果,必须使时钟脉冲信号的周期大于人眼的视觉暂留时间,一般应大于0.01s。

五、实验内容及步骤

1. 实验设计要求

（1）设计一个流水灯控制电路,能使彩灯的流向可以变化（可以正向流水,也可以逆向流水）。流动的方向可以手控也可以自控,自控往返变换时间为5s。

（2）彩灯流速可以改变。

（3）彩灯可以间歇流动,10s停顿1次,停顿时间为1s。

（4）选做:设计显示图案循环的控制电路。

2．实验步骤

（1）按照设计好的原理图在万能板或实验箱上搭接电路。

（2）按功能单元将电路分块，进行调试。

（3）调试多谐振荡器电路。

（4）调试计数器电路。

（5）调试译码器电路。

（6）调试流向控制电路。

（7）进行整体电路调试，观察彩灯工作情况，并记录结果和画出译码器输出波形图。

六、设计报告要求

（1）选择设计方案，画出总电路原理框图，叙述设计思路。

（2）阐述单元电路设计及基本原理分析。

（3）提供参数计算过程和选择元器件的依据。

（4）记录调试过程，对调试过程中遇到的故障进行分析。

（5）记录测试结果并进行简要说明。

（6）总结设计过程的体会、创新点与建议。

（7）列出元器件清单。

4.9　实验九　数字式频率计

一、实验目的

（1）实现数字式频率计的设计。

（2）学会用 MultiSim 设计数字式频率计电路。

二、预习要求

（1）查阅所用集成电路芯片的引脚排列、功能及真值表，并写在预习报告中。

（2）学习放大整形电路的设计。

（3）了解石英晶体振荡器（晶振）的工作原理及其应用。

（4）掌握分频器和十进制计数器的工作原理。

（5）画出总体电路图。

（6）熟练使用仿真软件 MultiSim 进行仿真。

三、实验设备与元器件

仔细查看数字电路实验装置的结构，确认元器件的布局及使用方法。具体实验设备与元器件有：

（1）直流稳压电源。

（2）双踪示波器。

（3）数字万用表。

（4）实验箱。

（5）主要元器件：74LS273、74LS74、74LS90、晶振、七段数码管及门电路等。

四、实验原理

数字式频率计主要用来测量被测信号的频率。

1. 数字式频率计的设计要求

（1）能对正弦波信号的频率进行测量，要求频率范围为 1Hz～1kHz。

（2）可根据信号频率的大小设置门控时间。

（3）信号电压峰值为 3～5V。

（4）选做：将电路功能扩展为可测量信号的周期。

2. 基本原理及原理框图

数字式频率计的原理框图如图 4.9.1 所示，数字式频率计主要由译码显示电路、时钟信号产生（晶振）及分频电路、放大整形电路和主门电路等基本单元组成。控制主门电路开通和关闭的信号称为门控信号。门控信号由标准的振荡电路产生，为了保证测量的准确度，一般采用晶振。用反相器与晶振构成的振荡电路如图 4.9.2 所示。利用两个非门形成反馈使其工作在线性状态，然后利用晶振控制振荡频率，同时用电容 C_1 作为 2 个非门之间的耦合，2 个非门之间并联的电阻 R_1 和 R_2 作为负反馈元器件，由于反馈电阻值很小，可近似认为非门的输出、输入压降相等。电容 C_2 的作用是防止寄生振荡。

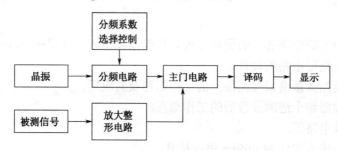

图 4.9.1　数字式频率计的原理框图

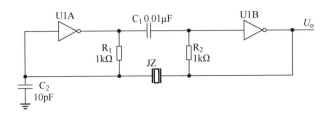

图 4.9.2 反相器与晶振构成的振荡电路

当用数字式频率计测量低频信号时，根据测量误差的分析可知，门控时间大于被测信号周期的程度越高，测量结果的测量误差越小，所以晶振产生的信号需要通过多级分频系统才能产生具有固定宽度的方波脉冲信号作为门控信号，控制主门电路开通和关闭；被测信号在送入主门电路的另一端之前需要进行放大和整形，形成脉冲信号，在与门开通时间内，十进制计数器对通过与门的脉冲信号进行计数，在主门电路关闭后，译码显示电路将被测信号的频率显示出来。

放大整形电路可以采用施密特触发器，还可同时用于电压幅度鉴别。

五、实验内容及步骤

（1）按照设计好的原理图，在万能板或实验箱上搭接电路。
（2）按功能单元将电路分块并进行调试。
（3）调试振荡电路。
（4）调试分频电路。
（5）调试译码显示电路。
（6）进行整体电路调试，并记录结果。

六、设计报告要求

（1）选择设计方案，画出总电路原理框图，叙述设计思路。
（2）阐述单元电路设计及基本原理分析。
（3）提供参数计算过程和选择元器件的依据。
（4）记录调试过程，对调试过程中遇到的故障进行分析。
（5）记录测试结果并进行简要说明。
（6）总结设计过程的体会、创新点与建议。
（7）列出元器件清单。

4.10 实验十 洗衣机控制电路

一、实验目的

（1）实现洗衣机控制电路的设计。

（2）学会用 MultiSim 设计洗衣机控制电路。

二、预习要求

（1）查阅所用集成电路芯片的引脚排列、功能及真值表，并写在预习报告中。
（2）掌握秒脉冲信号产生电路的工作原理及应用电路。
（3）掌握计数器的工作原理及应用电路。
（4）掌握继电器的工作原理及使用方法。
（5）根据设计要求，设计整机逻辑电路，画出详细框图和总电路图。
（6）熟练使用仿真软件 MultiSim 进行仿真。

三、实验设备与元器件

仔细查看数字电路实验装置的结构，确认元器件的布局及使用方法。具体实验设备与元器件有：
（1）直流稳压电源。
（2）双踪示波器。
（3）数字万用表。
（4）实验箱。
（5）主要元器件：CD4510、CD4518、CD4511、七段数码管、CD4013、555、门电路、继电器、三极管、电阻、电容等。

四、实验原理

普通洗衣机的控制电路主要起定时器的作用，按照一定的洗涤程序控制电机沿正向和反向转动。定时器可采用机械式结构，也可以采用电子时钟信号控制，这里要求采用中小规模集成电路芯片设计制作一个电子定时器来控制洗衣机的运转。假设其运转规律如图 4.10.1 所示。

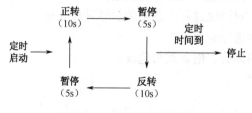

图 4.10.1　洗衣机运转规律

1. 设计任务与要求

（1）洗衣机可以按预定时间定时工作，最大定时工作时间为 99min。
（2）预置时间可以以数字的形式显示出来。

（3）控制电机工作规律与上述洗衣机运转规律一致，在预定时间内，电机正向转动 10s，暂停转动 5s，反向转动 10s，暂停转动 5s，如此循环往复，直到定时时间到，洗衣机自动停止。

（4）洗衣机有开机自动清零功能。

（5）选做：在上述设计基础上，增加洗衣机甩干功能，即增加电机控制信号，使电机旋转速度加快。

2. 基本原理及参考原理框图

洗衣机控制电路原理框图如图 4.10.2 所示。

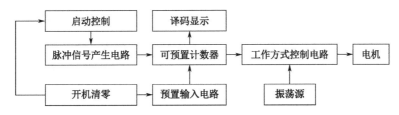

图 4.10.2　洗衣机控制电路原理框图

根据实验要求，用可加/减计数器完成计时功能；用二进制数预置时间；用减计数方式进行倒计时；用一个开关切换预置十位还是个位。时钟脉冲信号可由 555 定时电路产生的秒脉冲信号经过 60 分频器分频（或用晶振产生振荡信号经过分频）得到，加至计数器进行减计数（从 99 开始），当减到 0 时减计数停止。脉冲信号还要加至一个可预置计数器，以控制电机工作或停止。秒计数器清零的同时，清零信号还要加至另一个 D 触发器，D 触发器的两个输出信号通过继电器分别控制电机工作和停止，也就是使十进制计数器和五进制计数器在任意时刻只有一个工作。十进制计数器进位输出信号还要作为另外一个 D 触发器的时钟信号，控制电机 10s 正转，10s 反转。

五、实验内容及步骤

（1）按照设计好的原理图，在万能板或实验箱上搭接电路。

（2）调试单元电路。

（3）调试脉冲信号产生电路。

（4）调试可预置计数器。

（5）调试译码显示电路。

（6）调试电路，测试整体电路的功能，用发光二极管代替电机显示正、反转状态。

六、设计报告要求

（1）选择设计方案，画出总电路原理框图，叙述设计思路。

（2）阐述单元电路设计及基本原理分析。

（3）提供参数计算过程和选择元器件的依据。

（4）记录调试过程，对调试过程中遇到的故障进行分析。

（5）记录测试结果并进行简要说明。

（6）总结设计过程的体会、创新点与建议。

（7）列出元器件清单。

第五章　综合性实验

5.1　实验一　电子门铃的设计和制作

一、实验目的

（1）了解 555 的工作原理及应用。

（2）用 555 实现电子门铃电路的设计，提高知识应用能力。

（3）进一步学习用 MultiSim 仿真。

（4）掌握数字电路的制作工艺，提高对数字电路实验的工程性认知。

二、实验内容

应用 555，采用单稳态电路和振荡电路组合的方式设计电子门铃。要求如下：

（1）按下门铃按钮，蜂鸣器发出"滴滴"的声响，持续 2～3s，每声"滴"之间隔 0.2～0.5s。

（2）用万能板安装、焊接电路。

三、实验仪器与设备

（1）数字示波器。

（2）数字万用表。

（3）电烙铁。

（4）元器件及器材：555、蜂鸣器、电阻、电容、万能板、导线、焊锡丝。

四、实验内容

1. 实验前应复习的课程内容

复习门电路的逻辑功能及设计应用；复习 555 定时电路的工作原理，复习 555 的结构和参数设置。

2．实验预习报告要求

根据设计要求，设计整机逻辑电路，画出详细框图和总电路图。

3．实验内容

（1）按照设计方案在万能板或实验箱上搭接电路。
（2）按功能单元将电路分块并进行调试。
（3）进行整体电路调试，观察电路工作情况，并记录结果和画出信号波形图。

4．实验报告

（1）画出总电路图。
（2）贴上作品的照片（万能板正面和反面）。
（3）写出测试结果分析及实验小结。

5.2　实验二　按键计数显示器的设计和制作

一、实验目的

（1）掌握简易数字电子系统的设计方法，提高对数字电路实验的系统性认知。
（2）进一步学习用 MultiSim 仿真。
（3）掌握数字电路的制作工艺，提高对数字电路实验的工程性认知。

二、实验内容

设计并制作一个按键计数显示器。要求如下：
（1）每按一次按键，显示器显示的数码加 1，显示数值范围为 0～9，循环显示。
（2）用万能板安装、焊接电路。
注意：按普通按键会产生抖动现象，因此必须设计防抖电路。

三、实验仪器与设备

（1）数字示波器。
（2）数字万用表。
（3）电烙铁。
（4）元器件及器材：555、74LS160、按键（B 键）、74LS48、七段数码管、电阻、电容、万能板、导线、焊锡丝。

四、实验内容

1. 实验前应复习的课程内容

复习门电路的逻辑功能及其设计应用；复习 74LS192 的结构和工作原理。

2. 实验预习报告要求

根据设计要求，设计整机逻辑电路，画出详细框图和总电路图。

3. 实验内容

（1）按照设计方案在万能板或实验箱上搭接电路。
（2）按功能单元将电路分块并进行调试。
（3）进行整体电路调试，观察电路工作情况，并记录结果。

4. 实验报告

（1）画出总电路图。
（2）贴上作品的照片（万能板正面和反面）。
（3）写出测试结果分析及实验小结。

5.3　实验三　温度的转换与测量

一、实验目的

（1）利用温度传感器，将温度量（非电量）转换为电量信号进行测量。
（2）掌握非电量信号测量中的信号放大电路的设计。
（3）掌握测量中的零点调整、满量程校正等调试技术。
（4）了解测量系统的线性度检测方法。

二、实验内容

（1）实验系统框图如图 5.3.1 所示。

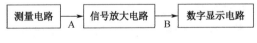

图 5.3.1　实验系统框图

（2）利用温度传感器（实物如图 5.3.2 所示）设计测量温度的电桥测量电路，测量电路应有调零功能。

图 5.3.2　温度传感器

可选元器件：标准电阻（铂电阻：10kΩ、100Ω），精密电位器（100Ω）。

（3）利用给定的运算放大电路，设计测量信号放大电路，使实验系统框图中 B 点输出信号的电压达到数字显示电路的输入电压要求。

可选集成运放电路芯片：MA741/OP07/ICL7650，使用集成运放电路芯片时应先查阅相关资料，熟悉其引脚功能、主要技术指标等。

（4）对整个测量电路进行标定：利用 0℃和 100℃对应的标准电阻，进行测量电路零点和满量程的标定。

（5）利用 0℃和 100℃对应的标准电阻，对测量电路的线性度进行检测。

三、实验仪器与设备

（1）稳压电源：1～2 台。

（2）数字万用表（3 位半）。

（3）RLC 集中参数测试仪。

（4）通用实验箱。

四、实验报告要求

（1）简述实验原理。

（2）设计实验电路，分析所用元器件参数。

（3）测试电路的线性度。

（4）列表对比测量结果（见附注）。

（5）分析测量误差产生的原因与实验结论。

附：铂电阻分度表、参考电路示意图、测量数据结果对比记录表分别见表 5.3.1、图 5.3.3、表 5.3.2。

表 5.3.1　铂电阻分度表

工作温度/℃	对应阻值/Ω
0	100.00
10	103.90
20	107.79
30	111.67
40	115.54
50	119.40
60	123.24
70	127.07
80	130.89
90	134.70
100	138.50

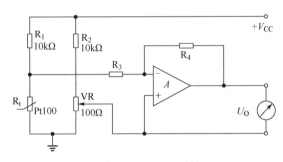

图 5.3.3　参考电路示意图

表 5.3.2　测量数据结果对比记录表

温度	对应标准电阻阻值	电桥输出	放大电路电源电压	实测放大输出	理论输出	误差
0℃						
10℃						
20℃						
...						
100℃						

5.4　实验四　力的传感与检测

一、实验目的

（1）通过实验掌握传感检测技术。

（2）熟悉应变片的应用——物体受力检测。

二、实验原理

金属箔式应变片就是通过光刻、腐蚀等工艺制成的应变敏感元件，其工作原理与丝式应变片相同。应变片中的电阻丝在外力作用下发生机械变形时，其电阻值发生变化，这就是电阻应变效应，描述电阻应变效应的关系式为：

$$\Delta R/R = K\varepsilon$$

式中：$\Delta R/R$ 为电阻丝电阻值的相对变化量，K 为应变灵敏系数，ε 为电阻丝长度的相对变化量。

通过应变片可将其受到的外力转换为电阻值的变化，用测量电桥测量出这个电阻值的变化量，将其形成电压信号并输出，这个电压信号就反映了应变片所受的外力。

三、实验内容

（1）利用应变片来检测实验装置（其示意图如图 5.4.1 所示）所受外力，实验系统框图如图 5.4.2 所示。

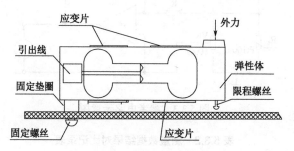

图 5.4.1　实验装置示意图

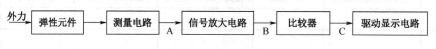

图 5.4.2　实验系统框图

（2）测量电路应有调零功能。

（3）设计信号放大电路，使实验系统框图中 B 点输出信号满足比较器的输入电压要求。可选集成运放电路芯片：MA741/OP07/ICL7650 等，使用集成运放电路芯片时应先查阅相关资料，熟悉其引脚功能、主要技术指标等。

（4）设计比较器：利用前级电路传来的信号判别实验装置是否受外力作用。

（5）设计驱动显示电路：利用普通发光二极管显示测量结果。

四、实验仪器与设备

（1）稳压电源：1~2 台。

（2）数字万用表（3位半）。

（3）RLC 集中参数测试仪。

（4）通用实验箱。

五、实验报告要求

（1）简述实验目的。

（2）画出设计电路，简述工作原理，说明元器件参数的选择方案，写明计算过程。

（3）列表记录测量结果（见附注）。

（4）写出实验小结。

附注：参考电路示意图如图 5.4.3 所示。

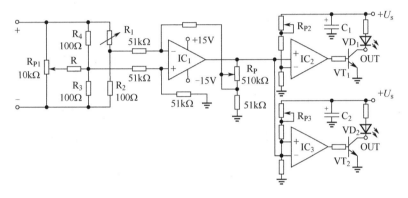

图 5.4.3　参考电路示意图

R$_1$～R$_4$ 组成单臂电桥检测电路，R$_{P1}$ 为电桥调零电位器；IC$_1$ 组成放大单元；IC$_2$、IC$_3$ 组成双向比较单元；二极管、三极管组成驱动显示电路。当无外力施加于应变片 R$_1$ 时，比较器 IC$_2$ 输出低电平，VT$_1$ 截止，发光二极管 VD$_1$ 不亮；比较器 IC$_3$ 输出高电平，VT$_2$ 导通，则发光二极管 VD$_2$ 点亮；当有外力施加于应变片时（R$_1$ 阻值增大），比较器 IC$_2$ 输出高电平，VT$_1$ 导通，则发光二极管 VD$_1$ 点亮；比较器 IC$_3$ 输出低电平，VT$_2$ 截止，发光二极管 VD$_2$ 熄灭。

（1）无外力时：调节 R$_{P1}$ 使电桥输出电压为 0，再调节 R$_P$ 使 IC$_1$ 输出电压为 0，然后调节 R$_{P2}$、R$_{P3}$ 使发光二极管 VD$_1$ 熄灭、VD$_2$ 点亮。

（2）有外力时：调节 R$_{P2}$、R$_{P3}$ 使发光二极管 VD$_1$ 点亮、VD$_2$ 熄灭。

测量数据记录于表 5.4.1。

表 5.4.1　测量数据表

外部状态	电桥电源电压/V	电桥输出电压/V	比较器输入电压/V	IC$_2$ 参考电压/V	IC$_2$ 输出电压/V	IC$_3$ 参考电压/V	IC$_3$ 输出电压/V	发光二极管状态
无外力								
有外力								

LM3914 是点/条显示驱动集成电路芯片，内含输入缓冲器、10 级精密电压比较器、1.25V 基准电压源及点/条显示方式选择电路等，其引脚排列如图 5.4.4 所示（本实验有多层次要求，该元器件属于可选元器件）。

引脚 2、3（V-、V+）为电源电压的负、正端。

引脚 5（SIG）为电压信号输入端。

引脚 7、8（REFOUT.REF、ADJ）为基准电压的输出端、设置端。

引脚 6、4（RHL、RLO）为内部分压器的高位数据端和低位数据端。

引脚 1、10～18（LED1～LED10）为 10 个 LED 驱动输出端。

引脚 9（MODE）为模式设定端，此端接 V+时芯片工作于条形显示模式，此端开路时芯片工作于单点显示模式。

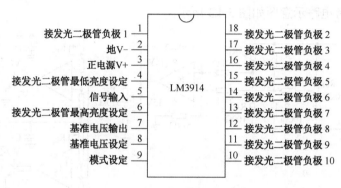

图 5.4.4　LM3914 的引脚排列

LM3914 的工作电压为 3～25V（通常选 6～12V），输出电流在 2～30mA 范围内可调，输出端承压能力为±35V，其输入缓冲器接成跟随器形式，提高了输入阻抗和测量精度。

LM3914 内部设有迟滞电路，控制显示转换时，点亮状态不是从一个 LED 立刻跳到另一个 LED，而是平缓过渡，可消除噪声干扰，改善输入信号快速变化时引起的闪烁现象。由于 LM3914 内部的电阻分压器是浮接的，所以其电压测量范围很宽。LM3914 的典型接法如图 5.4.5 所示。

LM3914 内含 10 级电压比较器，其同相输入端与电阻分压器相连，电阻分压器由 10 只 1kΩ 的精密电阻串联组成，分压器两端分别与引脚 4、引脚 6（引脚 6 电平通常比引脚 3 低 2V）独立相连；反相输入端则连在一起，并经缓冲器与外部输入端（引脚 5）相连，构成 10 级线性显示驱动器，作为 LED（亦可驱动 LCD、VFD）电平显示单元的线性标度元器件。

单点/条形显示模式选择：引脚 9 接 V+时为条形显示模式，引脚 9 开路时为单点显示模式。

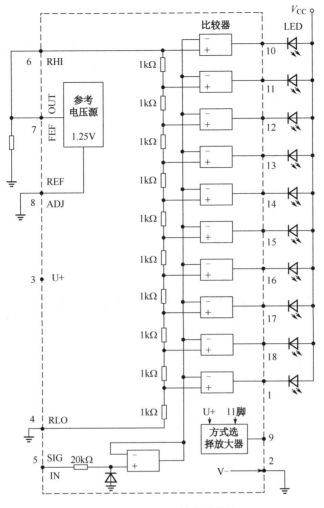

图 5.4.5 LM3914 的典型接法

基准电压源：1.25V，由引脚 7、引脚 8 从片外引入，可作为分压器的外接电源（LED 中的电流大致为流过引脚 7 外接电阻电流的 10 倍）。

LED 电平显示单元的接线如图 5.4.6 或图 5.4.7 所示。

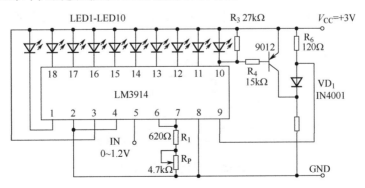

图 5.4.6 LED 电平显示单元的接线（1）

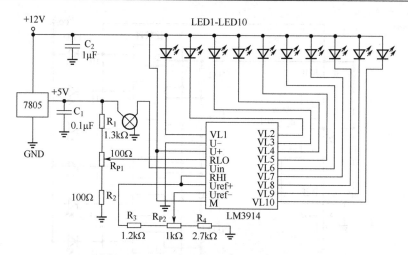

图 5.4.7　LED 电平显示单元的接线（2）

5.5　实验五　位移的转换与测量

一、实验目的

（1）利用霍尔传感器，将角位移量（非电量）转换为电量信号进行测量。

（2）掌握非电量信号测量中的信号测量电路的设计。

（3）了解测量系统灵敏度的方法。

二、实验原理

将半导体薄片置于磁场中，在薄片控制电极通以电流，在垂直于电流和磁场的方向上产生霍尔电势，此现象为霍尔效应。在电机转轴的圆盘边缘安装磁钢，在电机旋转过程中，磁钢靠近霍尔传感器，由于霍尔效应，霍尔传感器输出一个脉冲，测量脉冲个数即得到角位移 $\theta=2\pi(n/Z)$，式中 Z 为圆盘上安装的磁钢数，n 为测得的脉冲个数，测量装置示意图如图 5.5.1 所示。

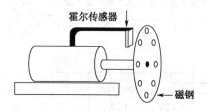

图 5.5.1　测量装置示意图

三、实验内容

（1）实验系统框图如图 5.5.2 所示。

图 5.5.2 实验系统框图

（2）利用开关式霍尔传感器（如图 5.5.3 所示）设计位移测量电路，其示意图如图 5.5.4 所示。可选元器件：UGN3020、A44E、EW-732，使用前应先查阅相关资料，熟悉集成电路芯片引脚功能、主要技术指标等。

图 5.5.3 开关式霍尔传感器

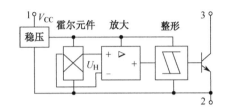

图 5.5.4 位移测量电路示意图

（3）设计计数、显示电路：用于脉冲个数的计数和显示（可用集成电路芯片设计）。

四、实验仪器与设备

（1）稳压电源：1～2 台。
（2）数字万用表（3 位半）。
（3）通用实验箱。

五、实验报告要求

（1）简述实验原理。
（2）设计电路，分析所用元器件参数。
（3）测试电路的灵敏度。
（4）列表对比测量结果（见附注）。
（5）实验报告应简洁、明确，电路标注应齐全、规范。
　附：本实验相关资料。
（1）计数器 CD4518。
　CD4518 是二—十进制（8421 编码）同步加计数器，内含两个加计数器，其引脚排列如图 5.5.5 所示。若用信号下降沿触发，则触发信号由 EN 端输入，CLC 端用于清零；若用信号上升沿触发，则触发信号由 CLC 端输入，EN 端置 1。R 端是清零端，R 端置 1 时，计数器各输出端（$Q_1 \sim Q_4$）均为 0，只有 R 端清零时，CD4518 才开始计数。CD4518 各端功能如表 5.5.1 所示，其功能表如表 5.5.2 所示。

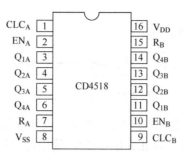

图 5.5.5　CD4518 的引脚排列

表 5.5.1　CD4518 各端功能

引脚	符号	功能
1、9	CLC_A、CLC_B	时钟输入端
7、15	R_A、R_B	清零端
2、10	EN_A、EN_B	计数允许控制端
3、4、5、6	$Q_{1A} \sim Q_{4A}$	计数输出端
11、12、13、14	$Q_{1B} \sim Q_{4B}$	计数输出端
8	V_{SS}	地
16	V_{DD}	电源正

表 5.5.2　CD4518 的功能表

CLC	EN	R	功能
↑	1	0	加计数
0	↓	0	加计数
↓	Φ	0	保持
Φ	↑	0	保持
↑	0	0	保持
1	↓	0	保持
Φ	Φ	1	复位

（2）BCD 锁存/7 段译码器/驱动器 CD4511。

CD4511 的引脚排列如图 5.5.6 所示，其功能表如表 5.5.3 所示。

● A~D：BCD 码输入端，A 为最低位的输入端。

● a~g：显示输出端，高电平有效，可驱动共阴极七段数码管。

● $\overline{BI}$：消隐功能端，$\overline{BI}$=0 时，所有 LED 段均消隐；$\overline{BI}$=1 时，正常显示。

● $\overline{LT}$：测试端，$\overline{LT}$=1 时，显示器正常显示；$\overline{BI}$=1，$\overline{LT}$=0 时，显示器一直显示数码"8"。

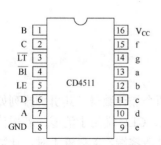

图 5.5.6　CD4511 的引脚排列

● LE：锁定控制端，当 LE=0 时允许译码输出；LE=1

时译码器被锁定为保持状态，译码器的输出被保持在 LE=0 时的数值。

表 5.5.3　CD4511 的功能表

输　入							输　出							
LE	$\overline{\text{BI}}$	$\overline{\text{LT}}$	D	C	B	A	a	b	c	d	e	f	g	显示
×	×	0	×	×	×	×	1	1	1	1	1	1	1	8
×	0	1	×	×	×	×	0	0	0	0	0	0	0	消隐
0	1	1	0	0	0	0	1	1	1	1	1	1	0	0
0	1	1	0	0	0	1	0	1	1	0	0	0	0	1
0	1	1	0	0	1	0	1	1	0	1	1	0	1	2
0	1	1	0	0	1	1	1	1	1	1	0	0	1	3
0	1	1	0	1	0	0	0	1	1	0	0	1	1	4
0	1	1	0	1	0	1	1	0	1	1	0	1	1	5
0	1	1	0	1	1	0	0	0	1	1	1	1	1	6
0	1	1	0	1	1	1	1	1	1	0	0	0	0	7
0	1	1	1	0	0	0	1	1	1	1	1	1	1	8
0	1	1	1	0	0	1	1	1	1	0	0	1	1	9
0	1	1	1	0	1	0	0	0	0	0	0	0	0	消隐
0	1	1	1	0	1	1	0	0	0	0	0	0	0	消隐
0	1	1	1	1	0	0	0	0	0	0	0	0	0	消隐
0	1	1	1	1	0	1	0	0	0	0	0	0	0	消隐
0	1	1	1	1	1	0	0	0	0	0	0	0	0	消隐
0	1	1	1	1	1	1	0	0	0	0	0		0	消隐
1	1	1	×	×	×	×	锁　存							锁存

（3）双极性霍尔元器件 EW-732。

EW-732 的外形及内部结构如图 5.5.7 所示，其磁场特性如图 5.5.8 所示，其参数如表 5.5.4 所示。

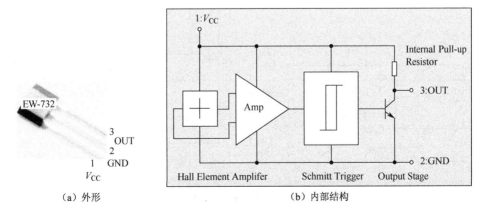

（a）外形　　　　　　　　　　　（b）内部结构

图 5.5.7　EW-732

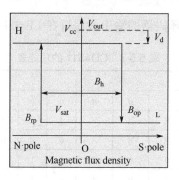

图 5.5.8　EW-732 的磁场特性

表 5.5.4　　EW-732 的参数

电源	输出高电平	输出低电平	低电平电流
2.2～18V	12V（电源 12V）	0.4V（电源 12V）	12mA

（4）参考电路。

参考电路示意图如图 5.5.9 所示。当电路上电时，C_5、R_3 产生一个微分尖脉冲，使计数器 CD4518 复位清零。霍尔传感器输出的脉冲信号先经 CD4518 内部 A 组计数器进行计数，计数溢出后的进位信号（即 10 分频信号）由 Q4A 输出，其下降沿触发 CD4518 内部 B 组计数器进行计数。同时 A 组计数器输出端（Q1A~Q4A）输出 BCD 码到 CD4511，驱动低位七段数码管进行显示。当计数器接收到第 10 个脉冲时，CD4518 内部 B 组计数器输出端（Q1B~Q4B）输出 BCD 码 0001 到 CD4511，驱动高位七段数码管进行显示。

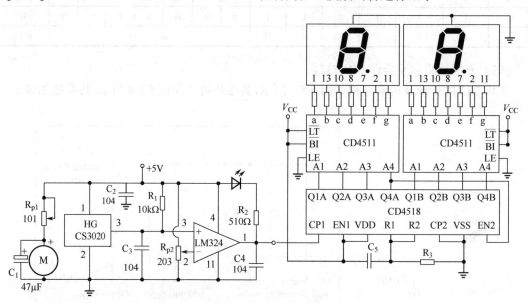

图 5.5.9　参考电路示意图

（5）测量结果填入表 5.5.5。

表 5.5.5　测量结果

霍尔传感器输出电压/V	运放参考输入电压/V	运放输出电压/V	脉冲个数	角位移/rad

5.6　实验六　光电传感检测

一、实验目的

（1）通过实验掌握光电传感检测技术。
（2）熟悉光电技术的应用——物体通过检测。

二、实验原理

　　在光线照射下，光电传感器中的光敏二极管吸收光能后，其 PN 结两端产生电动势，这就是光电效应（光生伏特效应），此时，光电传感器输出信号，从而实现物体通过的检测。

三、实验内容

　　（1）实验系统框图如图 5.6.1 所示。

图 5.6.1　实验系统框图

　　（2）光电检测电路的设计：利用光电对管（即发光二极管和光敏三极管，如图 5.6.2 所示）来检测是否有物体通过。

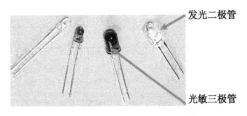

图 5.6.2　发光二极管和光敏三极管

　　（3）放大、比较电路的设计：利用运算放大电路放大微弱的测量信号。
　　（4）整形驱动电路的设计：主要施密特触发器组成。
　　（5）显示电路的设计：利用普通发光二极管显示测量结果。

四、主要实验仪器与设备

（1）稳压电源。
（2）示波器。
（3）频率计。

五、实验报告要求

（1）简述实验目的。
（2）画出设计电路，简述工作原理，阐明元器件参数选择依据，写明计算过程。

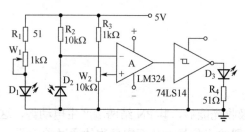

图 5.6.3　参考电路示意图

（3）列表记录测量结果（见附注）。
（4）写出实验小结。

附：光电传感检测实验相关资料。
（1）参考电路示意图如图 5.6.3 所示。
　①光路受阻隔时：调节 W_2 使发光二极管 D_3 点亮。
　②光路未受阻隔时：调节 W_2 使发光二极管 D_3 熄灭。

（2）测量数据记录表如表 5.6.1 所示。

表 5.6.1　测量数据记录表

指示状态	光电检测电路输出电压/V	比较电路电源电压/V	比较电路参考电压/V	比较电路输出电压/V	放大电路反馈电阻 W_2 的阻值/Ω	整形驱动电路输出电压/V
灯亮						
灯灭						

（3）自动寻迹小车的光电检测电路如图 5.6.4 所示。

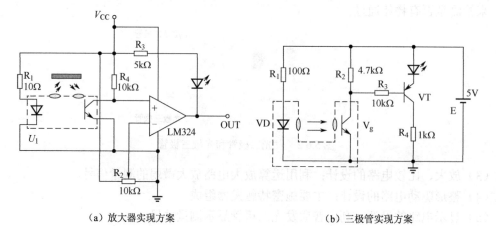

（a）放大器实现方案　　　　　　　　（b）三极管实现方案

图 5.6.4　自动寻迹小车的光电检测电路

第六章 创新性实验

6.1 项目一 串联型连续可调直流稳压电源

一、设计任务及要求

（1）输出直流电压：1.5～10V（可调）。
（2）输出电流：300mA（有电流扩展功能）。
（3）稳压系数：不大于 0.05。
（4）具有过流保护功能。

二、系统框图

系统框图如图 6.1.1 所示。

图 6.1.1　串联型连续可调直流稳压电源系统框图

三、电路工作原理

220V 的交流电经过变压器变压后变成 12V 的交流电，交流电的频率为 50Hz。

经降压后的交流电经过桥式整流电路变成单向直流电。此时的直流电幅度变化比较大。使此直流电经过滤波电路，使之变成平滑且脉动较小的直流电，这里使用 100μF 的电容组成滤波电路。

滤波后产生的脉动较小的平滑直流电经过三端稳压器（LM337）的稳压，即可形成稳定的电压输出，此时通过对电位器的调节，可以产生稳定的直流电压。

最小电压仿真电路、最大电压仿真电路分别如图 6.1.2、图 6.1.3 所示。其最小电压为 -1.5V，最大电压为 -10V 左右（负号表示方向），基本符合设计要求。因电阻、电位器等条件限制，最大电压不能刚好达到 -10V。

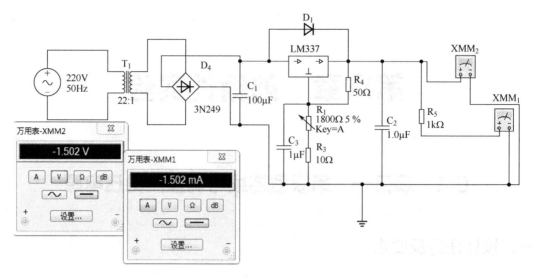

图 6.1.2　最小电压仿真电路

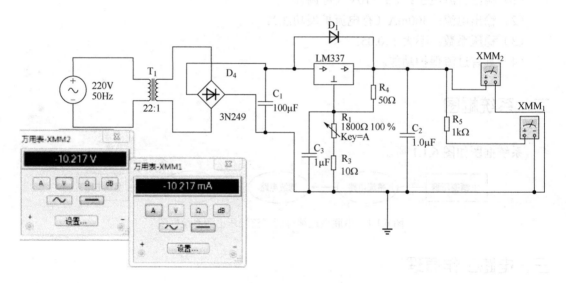

图 6.1.3　最大电压仿真电路

LM337 是负电源输出所采用的三端稳压器。对 LM337 来说，输出电压 U 随输出端与调整端之间的电阻 R_4 与调整端到地的总电阻（R_1+R_3）的改变而改变。其输出的电压计算公式为：

$$U = -1.25 \times [1+(R_1+R_3)/R_4]$$

根据设计的要求选取 $R_4=50\Omega$，电位器 $R_1=1800\Omega$（最大值），$R_3=10\Omega$。在 LM337 的引脚 1 和引脚 3 之间加入一个二极管，可以起到保护 LM337 的作用。在三端稳压器的调整端和地之间加上一个小容值电容，可滤除高频杂波，减小波纹电压的影响。

6.2　项目二　光电式报警器

一、设计任务及要求

（1）采用双光路结构，当任一光路被遮挡时，报警器发出间歇声光报警。

（2）采用 LED 显示被遮挡的光路编号，无报警时显示 0，1 路报警时显示 1，2 路报警时显示 2，两路同时报警时显示 3。

（3）采用 5V 供电电压。

二、系统框图

系统框图如图 6.2.1 所示。

接通电源，通过光耦将光信号转化成电信号。输出的信号通过 74LS48 译码器使共阳极七段数码管显示不同的数字，通过 74LS32 或门电路驱动 555 定时器构成的多谐振荡电路，使蜂鸣器和发光二极管发出间歇式声光，进行报警。

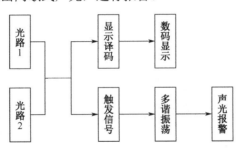

图 6.2.1　光电式报警器系统框图

三、电路工作原理

1. 光耦控制模块

光耦控制模块的电路示意图如图 6.2.2 所示。

光耦控制模块是以两个光耦为核心的电平控制电路，$R_1 \sim R_4$ 为限流电阻，避免光耦因电流过大而烧坏。每个光耦由一个发光二极管和一个光敏三极管以对管的形式构成。当光路没被遮挡时光敏三极管是导通的，此时接入"或门"74LS32 的信号为低电平，当光路被挡时电路产生高电平。标号为 2、4 的导线接译码显示电路 74LS32（即图中的 74LS32D）的输入端，标号为 7 的导线接声光报警电路的输入端。

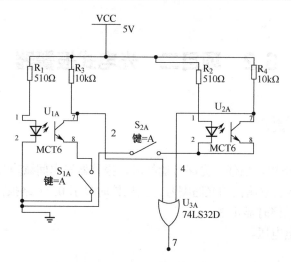

图 6.2.2　光耦控制模块电路示意图

2. 译码显示模块

译码显示模块电路示意图如图 6.2.3 所示。该电路主要由译码器 CD4511 和共阴极七段数码管构成，CD4511 接收光耦产生的电平信号并将其译出，进而驱动共阴极七段数码管显示被遮挡的光路的编号。图中标号为 15、16 的导线分别接光耦控制模块的标号为 2、4 的导线，作为输入信号线。

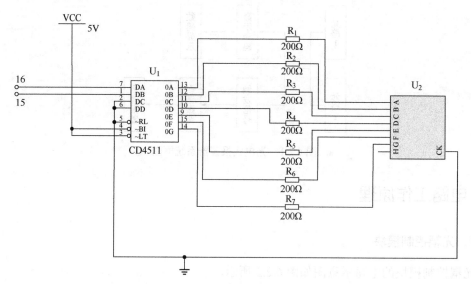

图 6.2.3　译码显示模块的电路示意图

3. 声光报警模块

声光报警模块的电路示意图如图 6.2.4 所示。该电路是以 555 为核心的多谐振荡电路，由特定的充电电阻来确保设计所需的信号频率，其主要控制信号由或门 74LS32 产生，当或门输出高电平则 555 产生脉冲信号。555 产生的脉冲信号控制二极管发光及蜂鸣器发声报警。

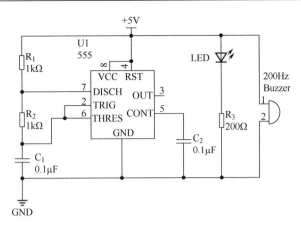

图 6.2.4 声光报警模块的电路示意图

四、电路总体设计

总体电路示意图如图 6.2.5 所示。

根据设计要求，没有光路被遮挡时七段数码管显示 0，光路 1 被遮挡时七段数码管显示 1，光路 2 被遮挡时七段数码管显示 2，两条光路都被遮挡时七段数码管显示 3。

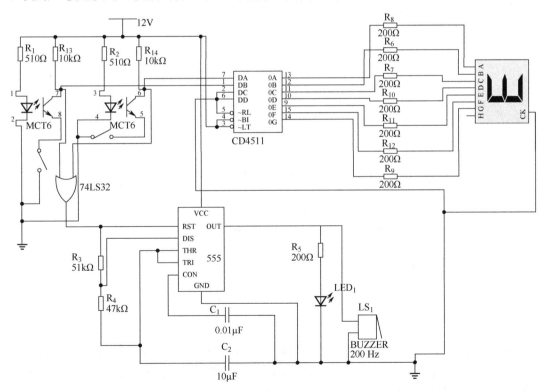

图 6.2.5 总体电路示意图

6.3　项目三　简单的步进电机控制电路

一、设计任务及要求

采用数字电路实现对步进电机的简单控制：步进电机根据输入的脉冲旋转相应的圈数，可以实现复位、正反转控制。实际实验时可以使用 4 个 LED 代替 4 个线圈。

二、系统框图

该系统由 555、74LS194（双向移位寄存器）、74LS161（加法计数器）、74LS248（数码管驱动芯片）、共阴极七段数码管、ULN2003a（电机驱动芯片）、五线四相步进电机等共同组成。控制电路采用 74LS190 对脉冲信号进行计数，由 74LS194 控制 4 个 LED 的工作。系统具有数码显示功能，可以显示步进电机的转速；能控制步进电机的转向。系统电路虽复杂，但稳定。简单的步进电机控制电路系统框图如图 6.3.1 所示。

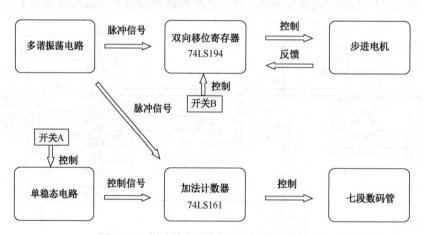

图 6.3.1　简单的步进电机控制电路系统框图

三、电路工作原理

1. 多谐振荡电路

该电路由 555 产生连续的脉冲信号，控制 74LS161 脉冲端。该电路采用电阻、电容组成 RC 定时电路，用于设定脉冲信号的周期和宽度。调节电阻、电容的参数可得到不同的时间常数；还可产生周期和脉宽可变的方波输出信号，即脉冲信号。

脉冲信号宽度计算公式：

$$T_w \approx 0.7(R_1 + R_2 + R_3)C$$

振荡周期计算公式：

$$T \approx 0.7(R_1+2R_2+R_3)C$$

555 的引脚排列如图 6.3.2 所示。其中部分引脚作用如下：

引脚 2：触发。

引脚 3：输出。

引脚 4：复位。

引脚 5：控制电压。

引脚 6：门限（阈值）。

引脚 7：放电。

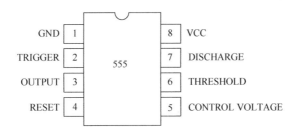

图 6.3.2   555 的引脚排列

多谐振荡电路示意图及信号波形如图 6.3.3 所示。

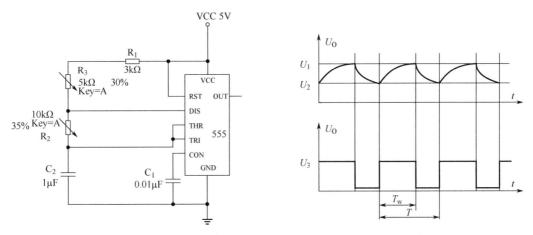

图 6.3.3   多谐振荡电路示意图及信号波形

C_2 的充电电阻是 R_1、R_2、R_3，放电电阻是 R_2。当 555 内的三极管基极是低电平时，555 定时器由低电平触发，U_O 为高电平，555 内的三极管截止，C_2 经 R_1、R_2、R_3 充电，当充电至 $U_C=U_{TH}>2U_{CC}/3$ 时，电路由高电平触发，输出电压 U_O 变为低电平，555 内的三极管导通，C_2 经 R_2 放电，当放电至 $U_C=U_{TR}<U_{CC}/3$ 时，电路又变为由低电平触发，U_O 变为高电平，如此周而复始，循环不止，输出连续脉冲信号。

2. 双向移位控制电路

由于在仿真软件中无法形象地体现步进电机的工作状态，因此本实验以 4 个 LED 表示步进电机的 4 个线圈，该控制电路主要由 74LS194、74LS05 构成，利用 74LS194 的双向移位功能来控制 4 个 LED 的亮灭，再利用 74LS194 上的清零端控制 LED 的复位，利用 74LS05

反相器使 LED 正常工作，以此表示步进电机的正转、反转。

74LS194 的逻辑功能表及引脚排列如表 6.3.1 和图 6.3.4 所示。其中：

$D_0 \sim D_3$：并行输入端。

$Q_0 \sim Q_3$：并行输出端。

S_0、S_1：操作模式控制端。

$\overline{CR}$：清零端。

S_R：右移串行输入端。

S_L：左移串行输入端。

CP：时钟脉冲信号输入端。

表 6.3.1　74LS194 的逻辑功能表

CP	$\overline{CR}$	S_1	S_0	功能	$Q_3Q_2Q_1Q_0$
×	0	×	×	清除	$\overline{CR}=0$ 时，$Q_3Q_2Q_1Q_0=0000$ 正常工作时，$\overline{CR}$ 置 1
↑	1	1	1	送数	$Q_3Q_2Q_1Q_0=D_3D_2D_1D_0$ 此时串行输入（S_R, S_L）被禁止
↑	1	0	0	右移	$Q_3Q_2Q_1Q_0=S_R D_3D_2D_1$
↑	1	1	0	左移	$Q_3Q_2Q_1Q_0=D_2D_1D_0 S_L$
↓	1	0	0	保持	$Q_3Q_2Q_1Q_0=D_3{}^n D_2{}^n D_1{}^n D_0{}^n$
↓	1	×	×	保持	$Q_3Q_2Q_1Q_0=D_3{}^n D_2{}^n D_1{}^n D_0{}^n$

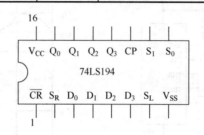

图 6.3.4　74LS194 的引脚排列

双向移位控制电路的示意图如图 6.3.5 所示。

3．转速的测量及显示电路

该电路由构成单稳态电路的 555、具有计数功能的 74LS161、具有译码功能的 74LS248 和七段数码管组成，七段数码管显示的数字由前级电路控制。

555 组成单稳态电路，单稳电路指的是该电路的输出信号只有在一种状态（逻辑高或低）下才是稳定的，而当电路的输出处于其他状态时，该种状态不能稳定地保持，而是会自动地回到稳定的状态。

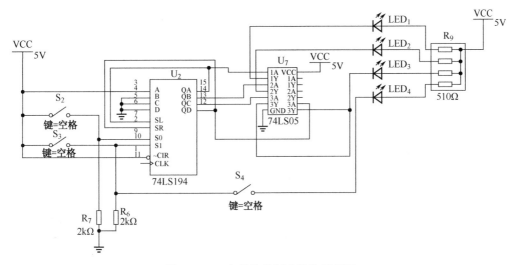

图 6.3.5　双向移位控制电路的示意图

74LS161 的逻辑功能表及引脚排列如表 6.3.2 及图 6.3.6 所示。其中：

CP：时钟信号端。

P_0～P_3：数据输入端。

MR：清零端。

CEP、CET：使能端。

PE：置数端。

Q_0～Q_3：数据输出端。

TC：进位输出端（TC=$Q_0 \cdot Q_1 \cdot Q_2 \cdot Q_3 \cdot$ CET）。

表 6.3.2　74LS161 的逻辑功能表

| 输　入 | | | | | | | | | 输　出 | | | |
MR	PE	CET	CEP	CP	P_0	P_1	P_2	P_3	Q_0	Q_1	Q_2	Q_3
0	×	×	×	×	×	×	×	×	0	0	0	0
1	0	×	×	↑	d_0	d_1	d_2	d_3	d_0	d_1	d_2	d_3
1	1	1	1	↑	×	×	×	×	计		数	
1	1	0	×	×	×	×	×	×	保		持	
1	1	×	0	×	×	×	×	×	保		持	

图 6.3.6　74LS161 的引脚排列

74LS248 的逻辑功能表及引脚排列如图 6.3.7 所示。

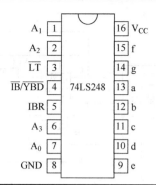

十进制 或功能	输入						$\overline{\text{IB}/\text{YBD}}$	输出							字形
0	$\overline{\text{LT}}$	IBR	A_3	A_2	A_1	A_0		a	b	c	d	e	f	g	0
1	1	1	0	0	0	0	1	1	1	1	1	1	1	0	1
2	1	×	0	0	0	1	1	0	1	1	0	0	0	0	2
3	1	×	0	0	1	0	1	1	1	0	1	1	0	1	3
4	1	×	0	0	1	1	1	1	1	1	1	0	0	1	4
5	1	×	0	1	0	0	1	0	1	1	0	0	1	1	5
6	1	×	0	1	0	1	1	1	0	1	1	1	1	1	6
7	1	×	0	1	1	0	1	1	1	1	0	0	0	0	7
8	1	×	0	1	1	1	1	1	1	1	1	1	1	1	8
9	1	×	1	0	0	0	1	1	1	1	1	0	1	1	9
灭灯	×	×	×	×	×	×	0	0	0	0	0	0	0	0	暗
灭零	1	0	0	0	0	0	0	0	0	0	0	0	0	0	暗
试灯	0	×	×	×	×	×	1	1	1	1	1	1	1	1	8

图 6.3.7　74LS248 的引脚排列及逻辑功能图

转速的测量及显示电路示意图如图 6.3.8 所示。

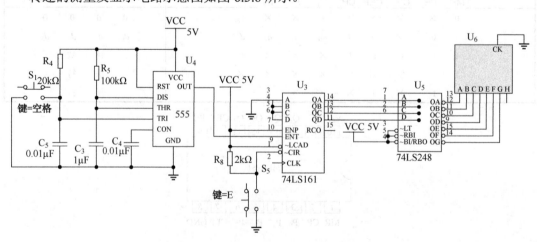

图 6.3.8　转速的测量及显示电路示意图

图中，当按下开关 S_1 后，TRI 端（或称 TRIGGER 端）电平由高变低，触发单稳态电路产生持续的高电平信号，信号持续的时间由 R_5、C_3 共同决定，$T=1.1R_5C_3$，信号传递到 74LS161 的工作控制端 ENP（或称 CEP 端），从而启动 74LS161，使其从 0 开始对多谐振荡电路产生的时钟脉冲信号进行计数，计数值送给 74LS248 译码器，控制七段数码管的显示。

4．调试及仿真

1）555 多谐振荡电路

将示波器通道 A 接多谐振荡电路的 OUT 引脚，开始仿真。理论上示波器会显示稳定的、周期性的方波，周期在 10ms 左右（周期可通过改变电位器 R_2、R_3 阻值调节）。如果电路搭建无误，示波器的显示应如图 6.3.9 所示，这个显示结果是符合理论预期值的。

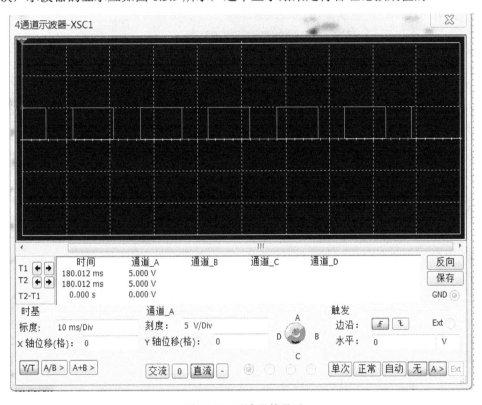

图 6.3.9 示波器的显示

2）步进电机控制电路

步进电机的控制由 4 个 LED 表示，可以通过观察 LED 的亮灭情况进行判断。4 个 LED 向上流水点亮表示步进电机正转，向下流水点亮表示步进电机反转，LED_4 点亮表示步进电机复位。上电后，先同时闭合开关 S_2、S_3，给 74LS194 置数，再同时断开 S_2、S_3，此时步进电机停止，接下来，只闭合 S_2、S_3 中的一个开关，可选择向上、向下流水点亮。闭合 S_4，实现复位功能，LED 流水点亮到 LED_4 时，流水停止。

3）步进电机测速及显示电路

当按下开关后，单稳态电路 OUT 引脚产生持续 1s 的高电平，从而启动 74LS161，对多谐振荡电路产生的时钟脉冲信号进行计数。每产生 1 个脉冲，74LS161 中的计数值将加 1，七段数码管进行相应的显示。

电机测速及显示电路的示意图如图 6.3.10 所示。

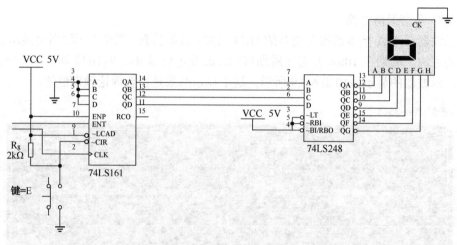

图 6.3.10　电机测速及显示电路的示意图

四、总体电路示意图

总体电路示意图如图 6.3.11 所示。

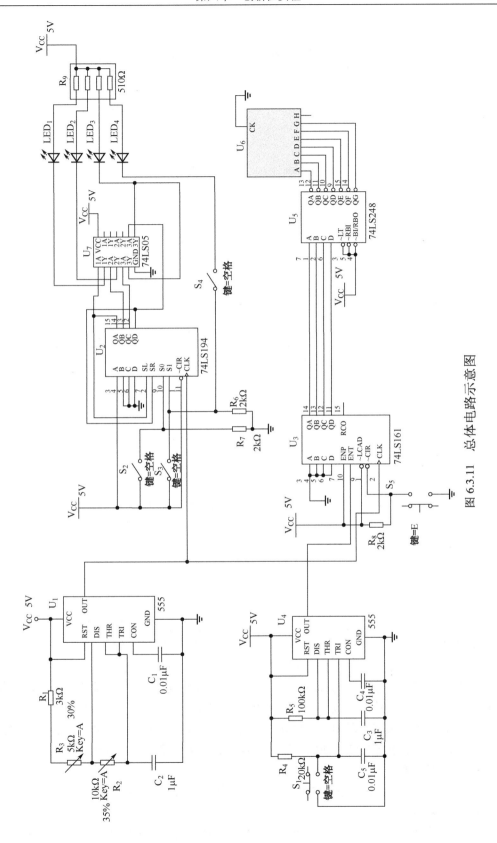

图 6.3.11　总体电路示意图

6.4　项目四　十二小时数字钟

一、设计任务及要求

（1）利用基本数字电路集成芯片制作十二小时数字钟，要求显示时分秒；并能实现校时功能。

（2）数字钟电路应具有报时功能及倒计时功能，当时间到达整点时进行蜂鸣器报时。

二、系统框图

系统框图如图 6.4.1 所示。

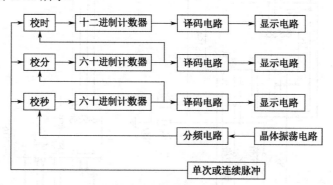

图 6.4.1　十二小时数字钟系统框图

三、电路工作原理

1. 晶体振荡电路

晶振是构成数字钟电路的核心，它保证了数字钟的走时准确及稳定。

如图 6.4.2 所示为用非门构成的输出为方波信号的数字式晶体振荡电路示意图，其中，CMOS 非门 U_1、晶振、电容与电阻构成振荡电路，并实现整形功能，将晶振输出的近似于正弦波的信号转换为较理想的方波信号。输出反馈电阻 R_1 为非门的偏置电阻，使电路工作于放大区，即非门的功能近似于一个高增益的反相放大器。电容 C_1、C_2 与晶振构成一个谐振型网络，完成对振荡频率的控制功能，同时提供了 180° 相移的功能，从而和非门构成一个正反馈网络，实现了振荡的功能。晶振具有较高的频率稳定性及准确性，从而保证了输出频率的稳定和准确。

晶振 $XTAL_1$ 的频率选为 32768Hz。该元器件专为数字钟电路而设计，其频率较低，有利于减少分频器级数。

从有关手册中可查得 C_1、C_2 均为 30pF。当要求频率准确度和稳定度更高时，考虑到

CMOS 电路的输入阻抗极高，因此反馈电阻 R_1 可选为 22MΩ。阻值较高的反馈电阻有利于提高振荡频率的稳定性。

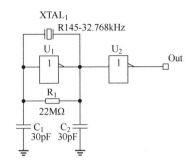

图 6.4.2 数字式晶体振荡电路示意图

2．分频电路

通常，数字钟的晶振输出频率比实际需要的频率高，为了得到 1Hz 的秒信号，需要对晶振的输出信号进行分频。

通常实现分频功能的电路是计数器，一般采用多级二进制计数器来实现。例如，将 32768Hz 的振荡信号分频为 1Hz 的分频倍数为 32768，即实现该分频功能的计数器相当于 15 级二进制计数器。

本实验中采用 CD4060 来构成分频电路。在数字集成电路芯片中 CD4060 可实现的分频次数相对较多，而且 CD4060 还包含振荡电路所需的非门，使用更为方便。

CD4060 为 14 级二进制计数器，可以将 32768Hz 分频为 2Hz，其内部结构如图 6.4.3 所示，从图中可以看出，CD4060 的时钟输入端接两个串联的非门，因此可以直接实现振荡和分频的功能。在 CD4060 的输出端再接一个 74LS74，就可对 CD4060 输出的信号再次进行二分频，从而得到 1Hz 的信号。

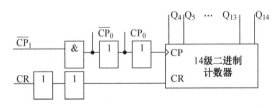

图 6.4.3 CD4060 内部结构图

图 6.4.4 为由 CD4060、电阻及晶振构成的晶振—分频电路示意图，CD4060 的输出端（引脚 3）得到的是 2Hz 的脉冲信号。

3．时间计数单元

时间计数单元主要包括时计数、分计数和秒计数这几个部分。

时计数部分主体为十二进制计数器，输出两位 8421BCD 形式的数码；分计数和秒计数部分主体为六十进制计数器，其输出也为 8421BCD 码。采用十六—二十四进制计数器 74LS161 可实现时间计数单元的功能。

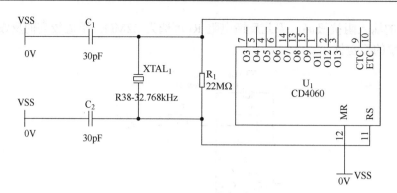

图 6.4.4　晶振—分频电路

74LS161 引脚图与功能表分别如图 6.4.5 和表 6.4.1 所示。

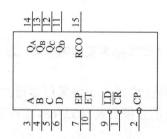

图 6.4.5　74LS161 引脚图

表 6.4.1　74LS161 功能表

输入									输出			
$\overline{\text{CR}}$	CP	$\overline{\text{LD}}$	EP	ET	D	C	B	A	Q_D	Q_C	Q_B	Q_A
0	×	×	×	×	×	×	×	×	0	0	0	0
1	↑	0	×	×	D	C	B	A	D	C	B	A
1	↑	1	0	×	×	×	×	×	Q_D	Q_C	Q_B	Q_A
1	↑	1	×	0	×	×	×	×	Q_D	Q_C	Q_B	Q_A
1	↑	1	1	1	×	×	×	×	状态码加 1			

　　秒个位计数单元为十进制计数器，需要将 74LS161 的 Q_D 端与 Q_A 端接至与非门的输入端，与非门的输出端接 74LS161 的清零端 $\overline{\text{CR}}$。

　　秒十位计数单元为六进制计数器，需要进行进制转换，并将 Q_B 端与 Q_C 端接至与非门的输入端，与非门的输出端接 74LS161 的清零端 $\overline{\text{CR}}$。

　　将秒个位的 $\overline{\text{CR}}$ 端接入秒十位计数单元的时钟端 CP，这样，当秒个位计数单元完成一个计数循环时，$\overline{\text{CR}}$ 端的电平变为低电平，使秒十位计数单元计数加 1。

　　分个位和分十位计数单元的电路结构分别与秒个位和秒十位计数单元完全相同，时个位计数单元的电路结构也与秒或分个位计数单元相同，不同之处在于，整个时计数单元应为十二进制计数器，其进制不是 10 的整数倍，因此需要将个位和十位计数单元合并为一个整体才能实现十二进制计数。

由 74LS161 构成的六十进制计数器示意图如图 6.4.6 所示，由 74L161 构成的十二进制计数器示意图如图 6.4.7 所示。

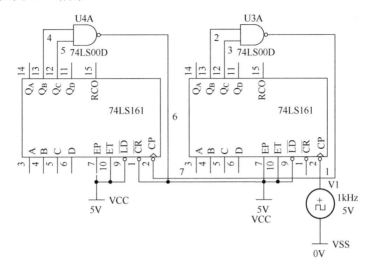

图 6.4.6　由 74LS161 构成的六十进制计数器示意图

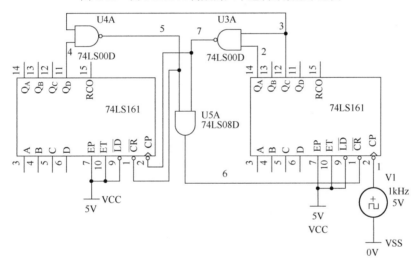

图 6.4.7　由 74L161 构成的十二进制计数器示意图

4．译码电路和显示电路

电路分析：计数器实现了对时间的累计，结果以 8421BCD 码形式输出，接下来，我们需要搭建合适的译码电路，将计数器输出的数码转换为显示元器件所需要的信号，本实验选用 74LS248 作为译码电路的主体，选用七段数码管作为显示元器件。

一个 74LS248 与一个七段数码管连接成的译码及显示电路如图 6.4.8 所示，其显示的数值可以在从 0 到计数器计数最大值范围内变化。

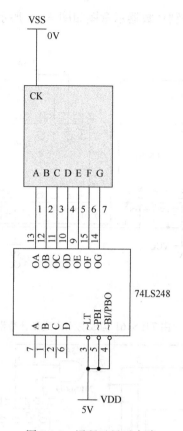

图 6.4.8　译码及显示电路

5. 校时电路

当重新接通电源或计时出现误差时都需要对时间进行校正。通常，校正时间的方法是：首先截断正常的计数通路，然后再通过手动按键触发计数或将频率较高的方波信号加到需要校正的计数单元的输入端，校正好后，再转入正常计时状态即可。

根据要求，数字钟应具有时、分、秒校正功能，因此，校正时间时应截断秒个位、分个位和时个位的直接计数通路。数字钟应设有可以随时切换输入正常计时信号与校正信号的功能单元。

如图 6.4.9 所示为带有消抖功能的校时电路示意图，当开关打在图示中的位置时，其右边的两个单独的与非门中，上方的那个输出为高电平，下方的那个输出为低电平，则电路的最终输出端输出的信号为正常输入信号，当要实现时间校准时，应将开关打向另一端，则上述两个与非门中，上方的那个输出为低电平，下方的那个输出为高电平，则电路的最终输出端输出的信号为校正信号。

如图 6.4.10 所示为将分计数单元与时计数单元合起来的校时电路。

在上述的两图中，正常输入信号指的是晶振经分频后产生的秒信号及计数器产生的清零脉冲信号，校正信号指的是通过手动按键产生所需的脉冲信号。单次脉冲信号产生电路示意图如图 6.4.11 所示。

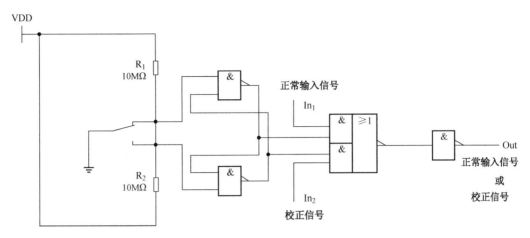

图 6.4.9 带有消抖功能的校正电路示意图

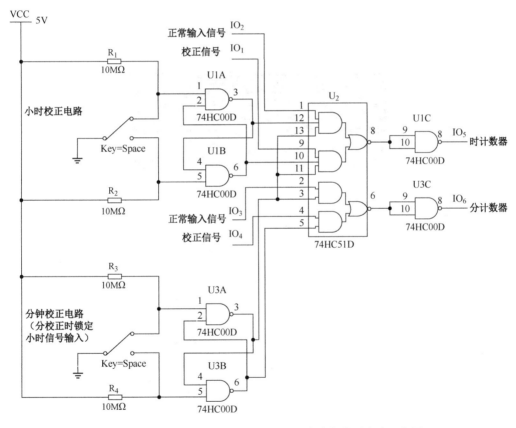

图 6.4.10 将分计数单元与时计数单元合起来的校时电路示意图

单次脉冲信号产生电路产生的波形如图 6.4.12 所示。

6. 整点报时电路

在计时至整点前数秒内，数字钟会自动报时，以示提醒。若要求简单，可设定电路在 59 分 59 秒报警，采用蜂鸣器为电声元器件，电路示意图如图 6.4.13 所示。

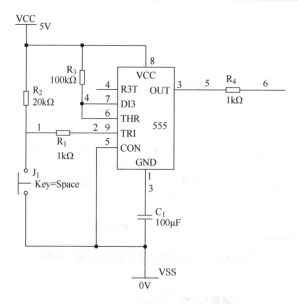

图 6.4.11　单次脉冲信号产生电路示意图

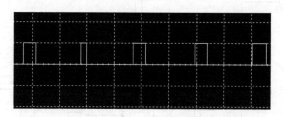

图 6.4.12　单次脉冲信号产生电路产生的波形

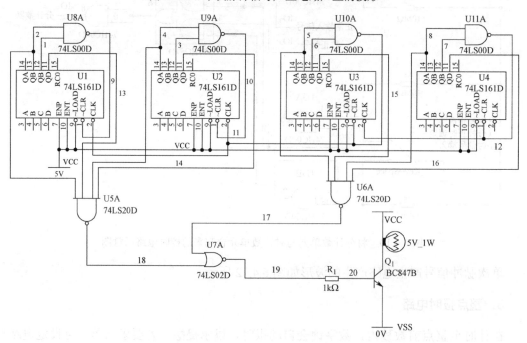

图 6.4.13　整点报时电路示意图

四、电路总体设计

电路总体设计示意图如图 6.4.14 所示。

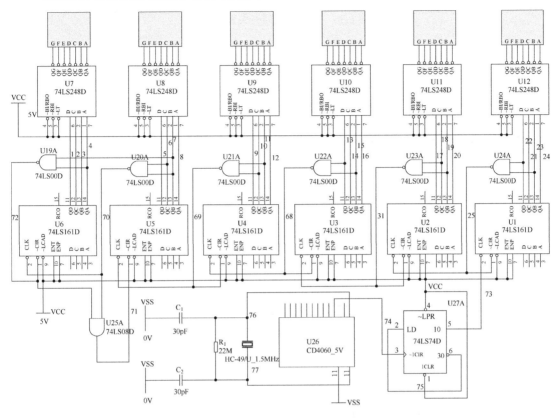

图 6.4.14 电路总体设计示意图

6.5 项目五 数字式定时开关

一、实验内容及要求

设计并制作数字式定时开关,其最大定时时间为 9s,计数时采用倒计时的方式,通过七段数码管显示。此开关经预置时间后,通过启动按钮控制倒计时,当时间显示为 0 时,开关发出信号,其输出端呈现高电平,开关处于打开状态,再按启动按钮时,倒计时又开始……

二、系统框图

系统框图如图 6.5.1 所示。

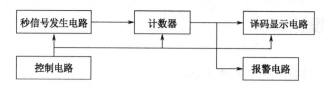

图 6.5.1　数字式定时开关系统框图

1．控制电路

利用 CD40192 的减计数端（Q_1～Q_4）进行信号控制。

2．秒信号发生电路

秒信号发生电路示意图如图 6.5.2 所示。

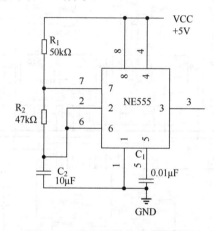

图 6.5.2　秒信号发生电路示意图

多谐振荡器 NE555 的振荡周期 T_1 的计算公式为：

$$T_1=(R_1+2R_2)\times\ln2\times C_2$$

各参数的值：R_1=50kΩ，R_2=47kΩ，C_2=10μF。

将各参数的值代入上面的计算公式得：

$$T_1=0.9981\approx1(s)$$

因此可近似看成获得了秒信号。

3．计数器

CD40192 为可预置 BCD 码的可逆计数器。其引脚图如图 6.5.3 所示。当 MR 端为高电平时，计数器清零；当 $\overline{\text{PL}}$ 端为低电平时，进行预置数操作，将由 P_0～P_3 端传入的数据置入计数器中。当 CPU=1 时，每当 CPD 端电平出现翻转，计数器中计数值减 1。可由 $\overline{\text{PL}}$ 端和 P_0～P_3 端完成定时功能，在 0～9 内任意置数。CD40192 的功能表如表 6.5.1 所示。

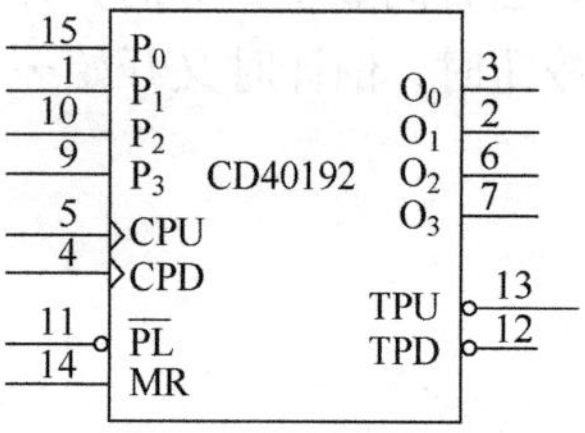

图 6.5.3　CD40192 引脚图

表 6.5.1 CD40192 的功能表

输入								输出			
MR	$\overline{PL}$	CPU	CPD	P_3	P_2	P_1	P_0	Q_3	Q_2	Q_1	Q_0
1	×	×	×	×	×	×	×	0	0	0	0
0	0	×	×	d	c	b	a	d	c	b	a
0	1	1	1	×	×	×	×	加计数			
0	1	1	1	×	×	×	×	减计数			

4．译码显示电路

译码显示电路选用 CD4511 进行译码，选用共阴极七段数码管进行显示。

1）七段数码管

七段数码管是目前最常用的数字显示器，图 6.5.4 为共阴极七段数码管和共阳极七段数码管的示意图，图 6.5.5 为两种不同接线形式的引脚功能图。

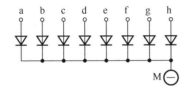 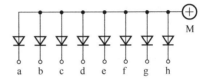

（a）共阴极七段数码管（高电平驱动）　　　　（b）共阳极七段数码管（低电平驱动）

图 6.5.4 七段数码管

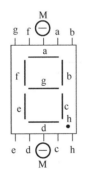 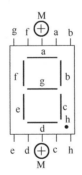

图 6.5.5 两种不同接线形式的引脚功能图

一个七段数码管可用来显示一位十进制数（0～9）和一个小数点。小型七段数码管（0.5寸和 0.36 寸）每段发光二极管的正向压降随显示光（通常为红、绿、黄、橙色）的颜色不同略有差别，通常为 2～2.5V，每个发光二极管的点亮电流为 5～10mA。七段数码管要显示 BCD 码所表示的十进制数字就需要有一个专门的译码器，该译码器不但要完成译码功能，还要有相当的驱动能力。

2）BCD 码七段译码驱动器

BCD 码七段译码驱动器型号有 74LS47（共阳极）、74LS48（共阴极）、CD4511（共阴极）等，本实验采用 CD4511 驱动共阴极七段数码管。

如图 6.5.6 所示为 CD4511 的引脚排列。其中 A～D 为 BCD 码输入端；a～g 为译码输出端，高电平有效，用来驱动共阴极七段数码管；$\overline{LT}$ 为测试输入端，$\overline{LT}$ =0 时译码输出全为 1；$\overline{BI}$ 为消隐输入端，$\overline{BI}$ =0 时译码输出全为 0；LE 为锁定端，LE=1 时译码器处于锁定（保持）状态，输出保持在 LE=0 时的数值，LE=0 时为正常译码。CD4511 功能表如表 6.5.2 所示。

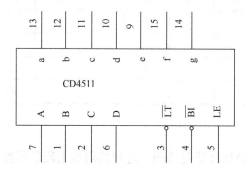

图 6.5.6　CD4511 的引脚排列

表 6.5.2　CD4511 的功能表

输　　入							输　　出							
LE	$\overline{BI}$	$\overline{LT}$	D	C	B	A	a	b	c	d	e	f	g	显示
X	X	0	X	X	X	X	1	1	1	1	1	1	1	8
X	0	1	X	X	X	X	0	0	0	0	0	0	0	消隐
0	1	1	0	0	0	0	1	1	1	1	1	1	0	0
0	1	1	0	0	0	1	0	1	1	0	0	0	0	1
0	1	1	0	0	1	0	1	1	0	1	1	0	1	2
0	1	1	0	0	1	1	1	1	1	1	0	0	1	3
0	1	1	0	1	0	0	0	1	1	0	0	1	1	4
0	1	1	0	1	0	1	1	0	1	1	0	1	1	5
0	1	1	0	1	1	0	0	0	1	1	1	1	1	6
0	1	1	0	1	1	1	1	1	1	0	0	0	0	7
0	1	1	1	0	0	0	1	1	1	1	1	1	1	8
0	1	1	1	0	0	1	1	1	1	1	0	1	1	9
0	1	1	1	0	1	0	0	0	0	0	0	0	0	消隐
0	1	1	1	0	1	1	0	0	0	0	0	0	0	消隐
0	1	1	1	1	0	0	0	0	0	0	0	0	0	消隐
0	1	1	1	1	0	1	0	0	0	0	0	0	0	消隐
0	1	1	1	1	1	0	0	0	0	0	0	0	0	消隐
0	1	1	1	1	1	1	0	0	0	0	0	0	0	消隐
1	1	1	X	X	X	X	锁　存							锁存

CD4511 内接有上拉电阻，故只需要在输出端与七段数码管引脚端之间串联限流电阻即可工作。译码器还有拒伪码功能，当输入码不在 0000~1001 范围内时，输出全为 0，七段数码管熄灭。

5. 报警电路

报警电路主要由蜂鸣器构成。当 CD40192 的输出全为 0 时，经过门电路得到一个高电平信号，驱动报警电路报警。只要 CD40192 的输出端中有一个是高电平，则经过门电路得到的就是一个低电平信号，此时报警电路不报警。

三、电路总体设计

电路总体示意图如图 6.5.7 所示。

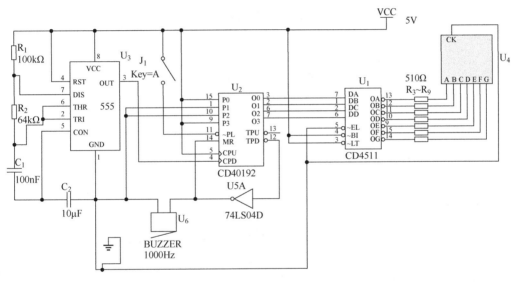

图 6.5.7　电路总体示意图

6.6　项目六　八路抢答器

一、设计任务及要求

（1）此电路允许八名选手参加抢答，并具有锁定功能，用七段数码管显示最先抢答的选手号码，电路设有外部消除键，按下消除键，七段数码管自动清零灭灯。

（2）数字显示功能。八路抢答器定时时间为 30s，主持人将控制开关拨到"开始"位置以后，要求：

①定时开始。

②扬声器要短暂报警。

③发光二极管显示抢答剩余时间；如果在 30s 内出现有效抢答，则计时结束，若 30s 内未产生有效抢答，系统短暂报警，发光二极管熄灭。

二、系统框图

系统框图如图 6.6.1 所示。

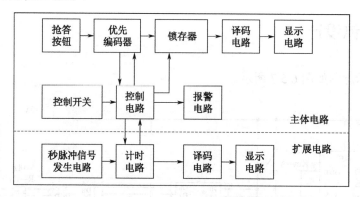

图 6.6.1　八路抢答器系统框图

三、电路工作原理

1. 抢答单元

抢答单元主要由优先编码器 74LS148 和锁存器 74LS279 组成。该单元主要完成两个功能：一是分辨出选手按键的先后，并锁存抢答成功者的编号，同时译码和显示电路显示编号（显示电路采用七段数码管）；二是抢答成功后禁用其他选手按键，使其按键操作无效。抢答单元电路示意图如图 6.6.2 所示，工作过程：将开关 S_1 断开时，RS 触发器的 R、S 端均输出低电平，4 个触发器输出端被清零，使 74LS148 的优先编码工作标志端状态为低电平，74LS148 处于清零状态。将开关 S_1 闭合时，抢答器处于等待状态，当有选手将抢答按键按下时（如按下 S_5），74LS148 的输出经 RS 触发器锁存后，$\overline{LT}$ =1，$\overline{BI}$ =1，74LS148 处于工作状态，$Q_4Q_3Q_2$ =101，经译码后使七段数码管显示"5"。此外，$\overline{LT}$ =1，使 74LS148 优先编码工作标志端为高电平，74LS148 处于禁止状态，封锁其他抢答按键的输入。当抢答按键被松开时，此时由于 $\overline{LT}$ 仍为 1，使 74LS148 的优先编码工作标志端为高电平，所以 74LS148 仍处于禁止状态，确保不会因有人再次按下按键而输入信号，保证了抢答者的优先性。只要有一个选手先按下抢答按键，就会将编码器锁死，使其不再对其他抢答按键发出的信号进行编码。通过 74LS148 译码器使七段数码管只能显示抢答选手编号（0～7）。如重新开始抢答，需要由主持人将控制开关重新断开，此时可以再进行下一轮抢答。

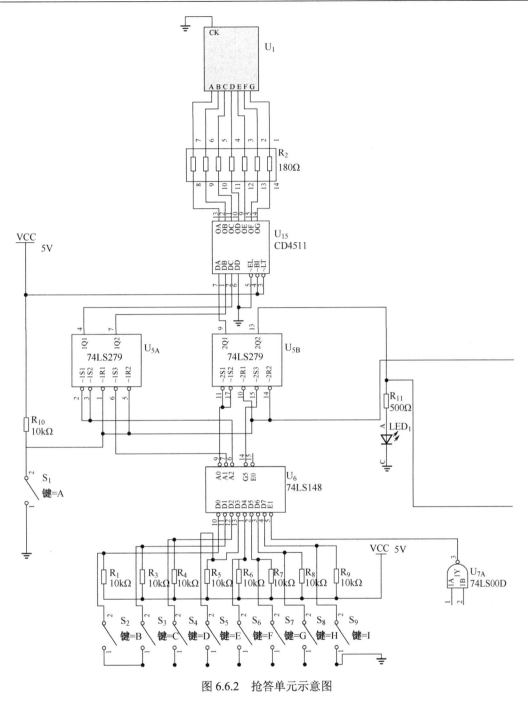

图 6.6.2 抢答单元示意图

RS 触发器采用 74LS279 实现，其引脚排列如图 6.6.3 所示，其触发条件如表 6.6.1 所示。

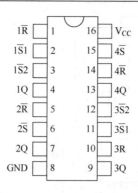

图 6.6.3   74LS279 的引脚排列

表 6.6.1   74LS279 的触发条件

D	Q^n	Q^{n+1}
0	0	0
0	1	0
1	0	1
1	1	1

RS 触发器功能：

（1）保持状态。当输入端的状态为 $S=R=1$ 时，触发器保持原状态不变。

（2）清零状态。当 $S=1$、$R=0$ 时，无论触发器的现态如何，均会使次态置为 0 态。

（3）置 1 状态。当 $S=0$、$R=1$ 时，无论触发器现态如何，均会将触发器置 1。

（4）不定状态。当 $S=R=0$ 时，无论触发器的原状态如何，均会使 $Q=1$，$\overline{Q}=1$。当去掉输入信号后，S 和 R 同时恢复为 1，触发器的新状态要看 G_1 和 G_2 两个门翻转速度快慢，所以称 $S=R=0$ 是不定状态，在实际电路中要避免此状态出现。

2．计时单元

该单元主要由 555（秒信号产生电路）、74LS192（减法计数器）、CD4511 和两个七段数码管组成，其功能是当主持人将开关置于"开始"位置后，开始进行倒计时，到 0s 时倒计时指示灯亮。当有人抢答时，计时停止。两块 74LS192 实现减计数，其产生的数码通过译码电路 CD4511 显示在七段数码管上，其时钟信号由秒信号发生电路提供。74LS192 的预置数控制端用于实现预置数 30。如果比赛期间没有人抢答，且倒计时时间到零，74LS00 输出低电平到秒信号发生电路，同时禁用选手抢答功能。计时单元示意图如图 6.6.4 所示。

3．报警电路

报警电路主要由 555（构成多谐振荡器）构成。报警电路示意图如图 6.6.5 所示。

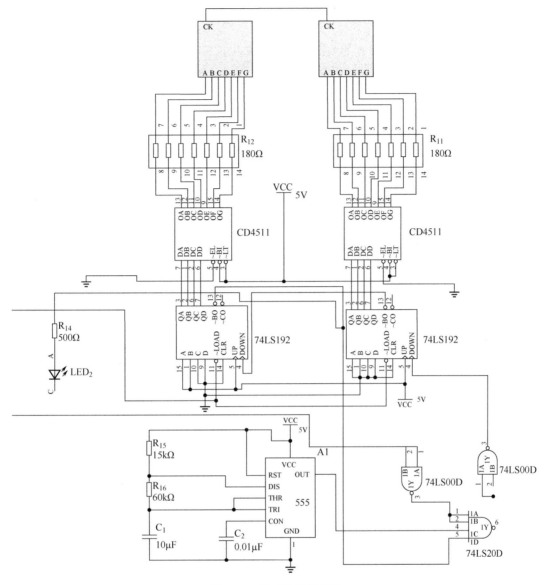

图 6.6.4 计时单元示意图

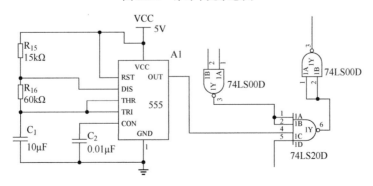

图 6.6.5 报警电路示意图

4. 控制单元

控制单元是八路抢答器设计的关键，它要完成以下三项功能：

（1）主持人将控制开关拨到"开始"位置时，发光二极管亮，抢答单元和定时单元进入正常抢答工作状态。

（2）当参赛选手按动抢答按键时，发光二极管亮，抢答单元和定时单元停止工作。

（3）当设定的抢答时间到，无人抢答时，发光二极管灭，同时抢答单元和定时单元停止工作。

四、电路总体设计

电路总体示意图如图 6.6.6 所示。

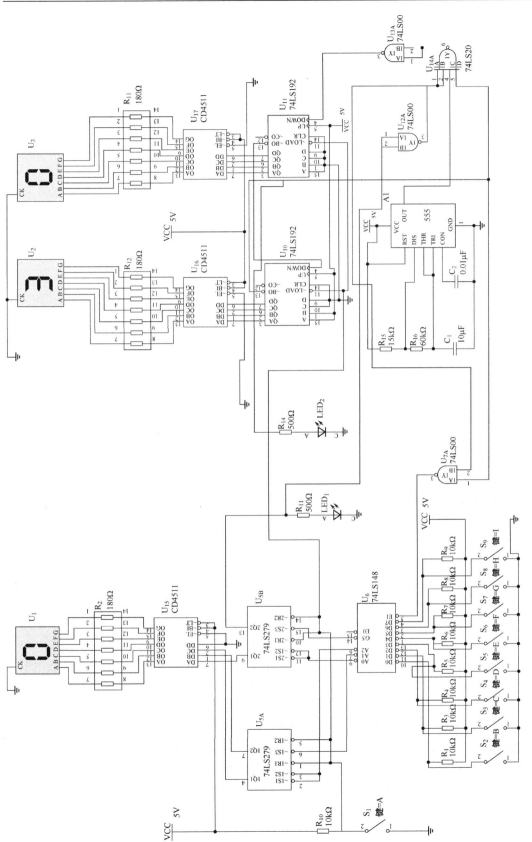

图 6.6.6 电路总体示意图

6.7　项目七　篮球比赛计时器

一、设计任务及要求

（1）具有 30s 计时显示功能。

（2）设有外部操作开关，控制计数器的直接清零、启动和暂停功能。

（3）在直接清零时，要求七段数码管灭灯。

（4）计时器为 30s 递减计时，计时间隔为 1s。

（5）计时器递减计时到 0 时，七段数码管不能灭灯，同时系统发出报警信号。

二、系统框图

系统框图如图 6.7.1 所示。

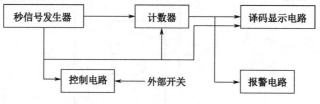

图 6.7.1　篮球 30s 计时器系统框图

三、电路工作原理

1. 计数器模块

计数器选用集成电路芯片 74LS192 进行设计较为简便，74LS192 是十进制可编程同步可加可减计数器，它采用了 8421 码（二—十进制编码），并且具有直接清零、置数等功能。

如图 6.7.2 所示是 74LS192 的引脚排列及时序波形图，CPU、CPD 分别是加计数、减计数的时钟脉冲输入端（上升沿有效）。

$\overline{\text{LD}}$ 是异步并行置数控制端（低电平有效），$\overline{\text{CO}}$、$\overline{\text{BO}}$ 是进位、借位输出端（低电平有效），CR 是异步清零端，$D_3 \sim D_0$ 是并行输入端，$Q_3 \sim Q_0$ 是并行输出端。74LS192 的功能表如表 6.7.1 所示。

其工作原理是：当 $\overline{\text{LD}}$ =1，CR=0 时，若时钟脉冲信号加到 CPU 端，CPD=1，则计数器在预置数的基础上完成加计数功能，当计数到 9 时，$\overline{\text{CO}}$ 端发出进位下跳变脉冲信号；若时钟脉冲信号加到 CPD 端，且 CPU=1，则计数器在置数的基础上完成减计数的功能，当减到 0 时，$\overline{\text{BO}}$ 端发出借位下跳变脉冲信号。

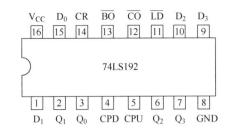

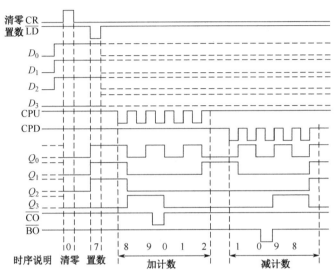

图 6.7.2 74LS192 的引脚排列及时序波形图

表 6.7.1 74LS192 的功能表

CPU	CPD	$\overline{LD}$	CR	操作
×	×	0	0	置数
↑	1	1	0	加计数
1	↑	1	0	减计数
×	×	×	1	清零

由 74LS192 构成的三十进制递减计数器示意图如图 6.7.3 所示，其预置数为 $(00110000)_2=(30)_{10}$。它的计数原理是：只有当低位 74LS192 的 BO_1 端发出借位脉冲信号时，高位 74LS192 才进行减计数。当高、低位 74LS192 的输入信号处于全零状态，且 CPD=0 时，置数端 $LD_2=0$，计数器完成并行置数，在 CPD 端的输入时钟脉冲信号作用下，计数器再次进入下一循环减计数。

2. 秒信号发生器模块

为了使电路实现 30s 的自动计时功能，必须给电路提供一个 1Hz 的时序脉冲信号（又称秒信号），让电路据此进行减计数，本实验用 555 构成的多谐振荡电路产生秒信号。

555 是一种中规模集成电路芯片，为 8 引脚双列直插式结构，体积很小，使用方便，只要在其外部配上几个适当的阻容元器件，就能构成施密特触发器、单稳态触发器及自激多谐振荡器等脉冲信号产生与变换电路。

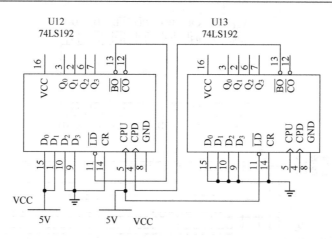

图 6.7.3 由 74LS192 构成的三十进制递减计数器示意图

多谐振荡电路的工作原理：多谐振荡电路是能产生矩形波信号的一种自激振荡电路，由于矩形波中除基波外还含有丰富的高次谐波，故称为多谐振荡电路。

如图 6.7.4 所示是用 555 构成的多谐振荡电路示意图，其中高电平触发端（引脚 6）和低电平触发端（引脚 2）并联后接到 R_2 和 C 之间，将放电端（引脚 7）接到 R_1 和 R_2 之间。由于要产生秒信号，通过 555 的工作特性和多谐振荡的输出周期计算公式：$T=0.7(R_1+2R_2)C$。可以取 C 为 10μF，这样可得出 R_1=51kΩ，R_2=47kΩ。这样就可以得到周期为 1s 的稳定脉冲信号。

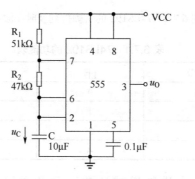

图 6.7.4 多谐振荡电路示意图

如图 6.7.5 所示为 555 的引脚排列。555 的各引脚功能：

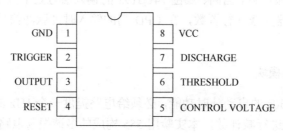

图 6.7.5 555 的引脚排列

引脚 1：地。

引脚 2：触发端。

引脚 3：输出端。

引脚 4：复位端。

引脚 5：控制电压端。

引脚 6：阈值端。

引脚 7：放电端。

引脚 8：电源端。

3. 控制电路模块及报警电路模块

根据 74LS192 的特性可知，当计数值减到 0 时，74LS192 的借位输出端为低电平，考虑控制电路的设计要求，将高位 74LS192 的借位输出信号反馈到二极管，同时接入一个保护电阻和一个 5V 的电源来实现发光二极管的光电报警。这样就实现了前文所述的设计任务及要求中的第五条了。

接下来需要实现计数器的启动、暂停和直接清零的功能：首先实现直接清零和清零灯灭的功能。

将单刀双掷开关 S_3 直接接到七段数码管的共阴极端和 74LS192 的引脚 14（异步清零端，高电平有效），共阴极端为低电平有效，接入高电平时七段数码管不亮，因此直接清零和清零灭灯功能得以实现，接下来实现启动功能。

将单刀双掷开关 S_2 接到 74LS192 的引脚 11（置数控制端，低电平有效），此引脚为低电平时可把 74LS192 置数为 30，此时该引脚再为高电平状态就将启动计数器开始计时了，最后实现暂停的功能。

实现暂停的功能可用一个锁存器来进行控制，这个锁存器由两个与非门构成。根据后文所示的总体示意图可知，当开关 S_1 打到右边时，由于两边输入都为 0，故锁存器输出为 1，则通过两个与门的作用使计时器持续计时；当开关 S_1 打到左边时，由于两边输入都为 1，故锁存器输出为 0，通过两个与门的作用使计时器停止工作，由此实现了暂停的功能。

本部分电路是整个电路的重要组成部分，其设计和搭建是本实验的重点之一，其中控制电路模块主要是由简单的门电路、一些开关和二极管构成的，为了实现要求的功能，设计前，实验人员需要非常熟悉相关集成电路芯片的引脚功能和电路设计的原理，同时需要注意一些细节，例如，加入保护电阻可使集成电路芯片或者元器件不至被烧坏等。

总之，控制电路模块就像人的大脑一样，如果没了它，电路的其他功能都无法实现，基于电路的实验操作也就无法进行了。

4. 译码显示模块

译码显示模块主要由 74LS48 译码器和共阴极七段数码管组成，可显示计数值从 30 减到 0 的过程。74LS48 的引脚排列如图 6.7.6 所示，其中：

A～D：BCD 码的输入端。

a～g：输出端。

试灯输入端 $\overline{LT}$：低电平有效。当 $\overline{LT} = 0$ 时，74LS48 所接的七段数码管应各段全亮，与输入的译码信号无关。此端用于测试七段数码管的好坏。

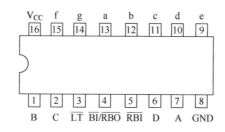

图 6.7.6　74LS48 的引脚排列

动态灭零输入端 $\overline{\text{RBI}}$：低电平有效。当 $\overline{\text{LT}}$ =1、$\overline{\text{RBI}}$ =0 且输入数码全为 0 时，输出的数码在 74LS48 所接的七段数码管上不显示，即 0 字被熄灭；当输入数码不全为 0 时，七段数码管正常显示。本输入端用于消隐无效的 0。

灭灯输入/动态灭零输出端 $\overline{\text{BI}}/\overline{\text{RBO}}$：有时用于输入，有时用于输出。当 $\overline{\text{BI}}/\overline{\text{RBO}}$ 作为输入端且 $\overline{\text{BI}}/\overline{\text{RBO}}$ =0 时，七段数码管各段全灭，与输入信号无关。当 $\overline{\text{BI}}/\overline{\text{RBO}}$ 作为输出端时，受控于 $\overline{\text{LT}}$ 和 $\overline{\text{RBI}}$：当 $\overline{\text{LT}}$ =1 且 $\overline{\text{RBI}}$ =0 时，$\overline{\text{BI}}/\overline{\text{RBO}}$ =0；其他情况下 $\overline{\text{BI}}/\overline{\text{RBO}}$ =1。此端主要用于显示多位数字时，多个译码器之间的连接。

在接线时，可把 $\overline{\text{LT}}$ 、$\overline{\text{RBI}}$ 、$\overline{\text{BI}}/\overline{\text{RBO}}$ 这三个端口都接上高电平，这样就可保证译码器的正常工作。

七段数码管可以根据各引脚输入电流的不同点亮不同的数码管，显示不同的图案。时间、日期、温度等由数字组成的参数均可用七段数码管显示。共阴极七段数码管就是把所有数码管的阴极连接到共同接点 com，如图 6.7.7 所示。注意：不要用手触摸七段数码管的表面和引脚；焊接此元器件时的焊接温度推荐为 260℃；每个引脚的焊接时间最好不超过 5s，对于表面有保护膜的七段数码管，可以在使用前将保护膜撕下来。

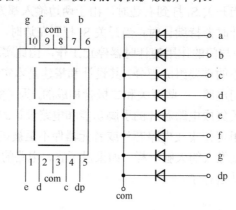

图 6.7.7　共阴极七段数码管的引脚图和接线图

四、电路总体设计

计时器电路总体示意图如图 6.7.8 所示。

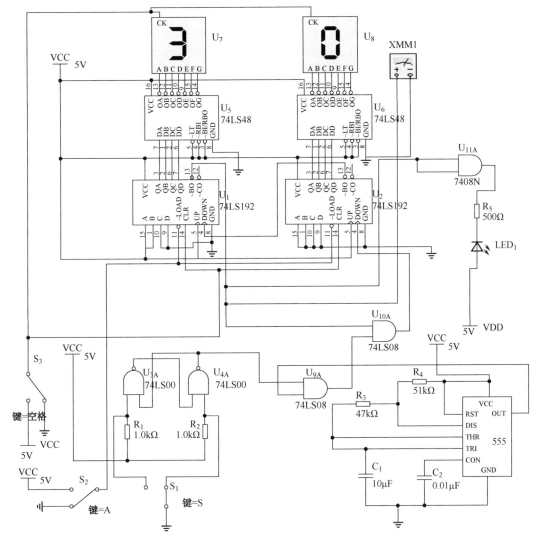

图 6.7.8 计时器电路总体示意图

6.8 项目八 电扇控制电路

一、设计任务及要求

（1）实现风速的强、中、弱控制（一个按键，循环控制）。

（2）实现睡眠、自然、正常三种"风种"的切换。

（3）用 LED 显示当前工作状态。

二、系统框图

电扇操作面板示意图如图 6.8.1 所示。

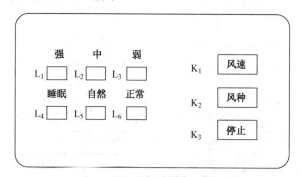

图 6.8.1 电扇操作面板示意图

在操作面板上，有 6 个指示灯，用于指示电扇的状态；有 3 个按键，用于选择不同风速、风种及使电扇停转。其操作方式和状态指示如下：

（1）电扇处于停转状态时，所有指示灯不亮。此时只有按"风速"键电扇才会响应，其初始工作状态为："风速"—弱，"风种"—正常，且相应的指示灯亮。

（2）电扇一经启动后，再按动"风速"键可循环选择"弱""中""强"三种状态中的一种状态；同时，按动"风种"键可循环选择"正常""自然"和"睡眠"三种状态中的一种状态。

（3）在电扇任意工作状态下按"停止"键，电扇停止工作，所有指示灯熄灭。

"风速"的"弱""中""强"对应电扇的转动由慢到快。

"风种"的"正常"指电扇连续运转；"自然"指电扇模拟自然风进行工作，即工作 4s，停转 4s，循环往复；"睡眠"用于产生轻柔的微风，工作于此状态时，电扇工作 8s，停转 8s，循环往复。

电扇工作的状态转换图如图 6.8.2 所示。

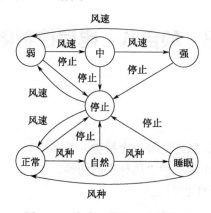

图 6.8.2 电扇工作的状态转换图

三、电路工作原理

1．设计方案分解

1）状态锁存电路

"风速""风种"这两种操作各有 3 种工作状态需要保存和显示，因而对于每种操作都可以采用三个触发器来锁存状态，触发器输出 1 表示工作状态有效，0 表示无效，当 3 个触发器输出全为 0 则表示停止状态。

为了简化设计，可以考虑采用带有直接清零端的触发器，这样将停止键与清零端相连就可以实现停止的功能，简化后的状态转换图如图 6.8.3 所示，图中横线下数字为 Q_2、Q_1、Q_0 端的输出信号。

根据简化后的状态转换图，利用卡诺图化简后，可得到输出信号 Q_2、Q_1、Q_0 的逻辑表达式（适用于"风速"及"风种"控制电路）：

$$Q_0^{n+1} = \overline{Q_1^n} \cdot \overline{Q_0^n}$$
$$Q_1^{n+1} = Q_0^n$$
$$Q_2^{n+1} = Q_1^n$$

上述触发器可选用 D 触发器 74LS175。

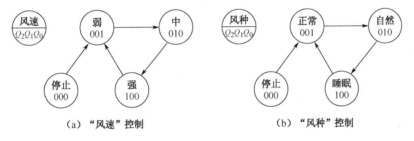

| (a)"风速"控制 | (b)"风种"控制 |

图 6.8.3　简化后的状态转换图

2）触发脉冲信号的形成

根据前面的逻辑表达式，我们可以利用 D 触发器建立"风速"及"风种"状态锁存电路，但这两部分电路的输出信号状态的变化还有赖于各自的触发脉冲信号（CP 信号）。在"风速"状态锁存电路中，可以利用 K_1 所产生的脉冲信号作为 D 触发器的 CP 信号。而"风种"状态锁存电路的 CP 信号则是由"风速"（K_1）、"风种"（K_2）按键的信号和电扇工作状态信号（设 ST 为电扇工作状态，ST=0 表示电扇停，ST=1 表示电扇运转）三者组合而成的。当电扇处于停止状态（ST=0）时，按 K_2 键无效，CP 信号将保持低电平；只有按 K_1 键后，CP 信号才会变成高电平，电扇也同时进入运转状态（ST=1）。进入运转状态后，CP 信号不再受 K_1 键的控制，而是由 K_2 键控制。由此，我们可列出如表 6.8.1 所示的 CP 信号状态表，并可得到其输出逻辑表达式（式中 K_1 为风速控制键的状态，K_2 为风种控制键的状态）：

$$CP = K_1\overline{ST} + K_2ST$$

表 6.8.1   CP 信号状态表

K_2	K_1	ST	CP
0	0	0	0
0	0	1	0
0	1	0	1
0	1	1	0
1	0	0	0
1	0	1	1
1	1	0	1
1	1	1	1

由于 ST 信号可由 "风速" 状态锁存电路输出的三个信号组合而成。因而从表 6.8.2 所示的 ST 信号状态表可得 $ST = \overline{\overline{Q_0}\,\overline{Q_1}\,\overline{Q_2}}$。

表 6.8.2   ST 信号状态表

强（Q_2）	中（Q_1）	弱（Q_0）	ST
0	0	0	0
0	0	1	1
0	1	0	1
0	1	1	1
1	0	0	1
1	0	1	1
1	1	0	1
1	1	1	1

最终，可以得到 CP 的逻辑表达式：$CP = K_1\overline{\overline{Q_0}\,\overline{Q_1}\,\overline{Q_2}} + K_2\overline{\overline{\overline{Q_0}\,\overline{Q_1}\,\overline{Q_2}}}$

3）电机转速的控制

由于电扇电机的转速通常是通过电压来控制的，既然要求有弱、中、强三种转速，那么在电路中就需要设置三个控制输出端（弱、中、强），以控制外部强电线路（如可控硅触发电路）。

这三个输出端与指示电扇转速状态的三个端子不同，其输出信号还需要考虑 "风种" 的不同选择。如果用 1 表示某挡速度的选中，用 0 表示某挡速度的未选中，那么 "风种" 信号的输入就使得某挡电机速度被连续或间断地选中，例如，风种选择为 "自然" 风，风速选择为 "中" 时，电机将运行在中速并转 4s 停 4s，面板上 L_2 和 L_5 灯亮，转速控制输出端 "中" 上按上述规律出现 1 或 0 状态。

四、电路总体设计

电扇控制电路总体示意图如图 6.8.4 所示。

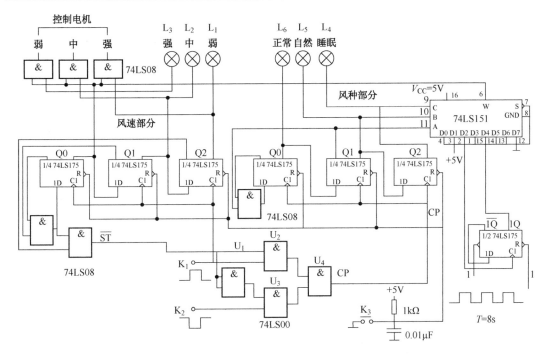

图 6.8.4 电扇控制电路总体示意图

"风速""风种"两个状态锁存电路均采用 3 片 74LS175 构成，两个状态锁存电路的三只 D 触发器的输出端分别与三个状态指示灯相连。每片 74LS175 的清零端（R）均与停止键（K_3）相连。

按下 K_1 键形成的触发脉冲信号作为"风速"状态锁存电路的触发脉冲信号。

按键 K_1、K_2 及部分门电路 74LS00、74LS08 构成了"风种"状态锁存电路的触发脉冲信号（CP 信号）。电扇停转时，ST=0，K_1=0，故电扇控制电路中与非门 U_2 的输出为高电平，U_3 的输出也为高电平，因而 U_4 输出的 CP 信号为低电平。按下 K_1 键后将产生高电平信号，此时 U_2 输出低电平，故 CP 信号变为高电平，并使 D 触发器的状态翻转，"风种"功能处于"正常"状态。同时，按下 K_1 键输出高电平信号的上升沿也使"风速"状态锁存电路的触发器的输出处于"弱"状态，电扇开始运转，ST=1。电扇运转后，U_2 的输出始终为高电平，这样信号 CP 与信号 K_2 的状态相同。每次按下 K_2 键并释放后，CP 信号就会产生一个上升沿，使"风种"状态发生变化。在工作过程中，CP 的波形图如图 6.8.5 所示。

电路中，信号 K_1 和 K_2 平时为 0，在实验时，可选用实验箱中的单次脉冲开关输出的信号表示 K_1、K_2。

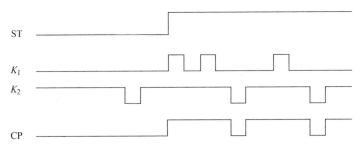

图 6.8.5 CP 的波形图

（3）"风种"的控制电路。在"风种"的三种工作方式中，"正常"对应风扇的连续运行，"自然"和"睡眠"对应风扇的断续运行。电路中，我们采用74LS151（8选1数据选择器）作为"风种"的工作方式控制器，由74LS175的三个输出端选中某种方式。风扇断续运行时，电路中用一个计时周期为8s的时钟信号作为"自然"方式的断续控制信号，将此信号进行二分频后，作为"睡眠"方式的断续控制信号，三种方式的信号波形如图6.8.6所示。

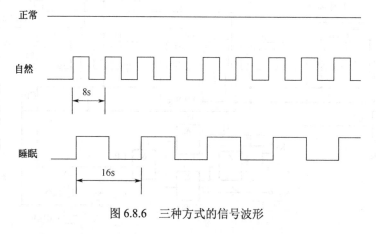

图6.8.6　三种方式的信号波形

6.9　项目九　投球游戏机

一、设计任务及要求

电路中的10个LED顺序点亮，如果选手能在LED点亮的同时将小球投中，则电路发出1000Hz的庆贺声。电路由无稳态多谐振荡器、十进制计数器、RS触发器、音频振荡器、扬声器驱动电路等组成。

二、系统框图

系统框图如图6.9.1所示。

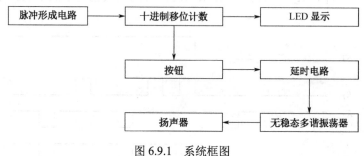

图6.9.1　系统框图

三、电路工作原理

1. 555 元器件的选择

555 是一种模拟—数字混合电路芯片，它主要由与非门、电压比较器等组成，经常用来构成定时电路或方波信号发生电路等，本实验使用 555 构成无稳态多谐振荡器，其电路示意图如图 6.9.2 所示。

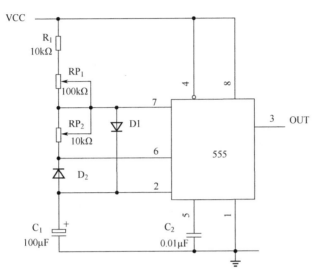

图 6.9.2　无稳态多谐振荡器电路示意图

当接通直流电源后，电源通过 RP_1、RP_2 对电容 C_1 充电。当电容 C_1 两端电压达到 $2U_{CC}/3$ 时（U_{CC} 为电源电压），电容 C_1 开始经 RP_2、555 的引脚 7 对地放电。当电容 C_1 放电到电源电压的 $U_{CC}/3$ 时，引脚 7 内部断开，电源又开始对电容 C_1 充电，如此循环往复，就可在引脚 3 输出矩形波。此矩形波的频率可由充电时间常数和放电时间常数确定：

$$f=1.44/[(R_1+RP_1+RP_2)C_1]$$

此矩形波的占空比 q 由充电电阻（R_1+RP_2）与放电电阻（$R_1+RP_1+RP_2$）的比值确定：

$$q=(R_1+RP_2)/(R_1+RP_1+RP_2)$$

2. CD4017 十进制计数器/分配器

由于要使 LED 呈流水状态亮灭，故本实验选择 CD4017 组成十进制计数电路进行相应控制，CD4017 由计数单元和译码单元两部分组成。CD4017 的输入端有复位端 MR、时钟端 CP 和使能端 CPE（也叫 EN）。CD4017 有 10 个译码输出端：$Q_0\sim Q_9$。在复位状态时，只有 Q_0 表现为高电平状态，其他译码输出端均为低电平状态。另外 CD4017 还有进位输出端 CO，可在级联时使用。CD4017 的引脚排列及功能表分别如图 6.9.3 和表 6.9.1 所示。

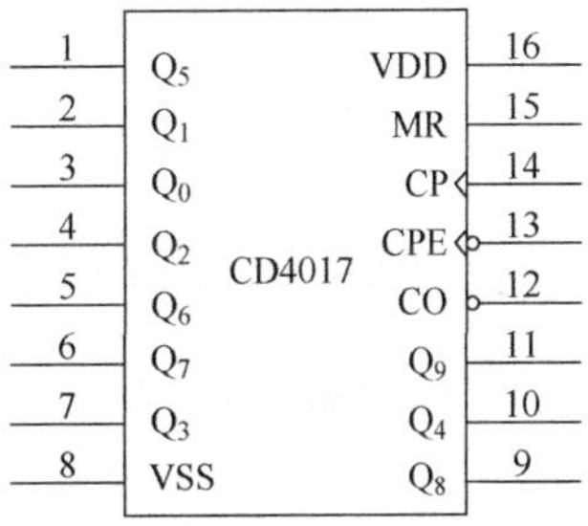

图 6.9.3　CD4017 的引脚排列

表 6.9.1　CD4017 功能表

CP	CPE	MR	输出 Q_N
0	×	0	N
×	1	0	N
1	0	0	$N+1$
1	1	0	$N+1$
1	×	0	N
×	1	0	N
×	×	1	Q_0

CD4017 是具有 10 个译码输出端的 5 段约翰逊计数器；每个译码输出端通常处于低电平状态，进入工作状态后，第 1 个输出端在时钟脉冲信号的上升沿进入高电平状态并维持 1 个时钟周期后转为低电平，下个时钟脉冲信号的上升沿到来时，第 2 个输出端进入高电平状态……直到第 10 个输出端由高电平转为低电平后，CD4017 的进位输出端由低电平转为高电平，这个特性使其能借助于时钟使能端构成级联电路。

CD4017 有两个时钟输入端：CP 和 CPE。当 CPE=0 时，时钟脉冲信号由 CP 端输入，在时钟脉冲信号的上升沿触发计数；当 CP=0 时，时钟脉冲信号由 CPE 端输入，在时钟脉冲信号的下降沿触发计数。另外，当清零端 MR=1 时，CD4017 输出端 Q_0 输出高电平，$Q_1 \sim Q_9$ 输出低电平。CD4017 的时序波形图如图 6.9.4 所示。

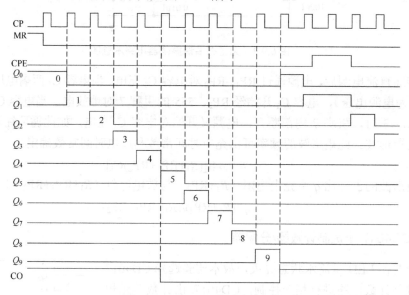

图 6.9.4　CD4017 的时序波形图

3. CD4001 或非门

由于实验电路中需要用到由或非门组成的 RS 触发器及由或非门组成的音频振荡器，故需要用到或非门集成电路芯片 CD4001，其引脚排列如图 6.9.5 所示，功能表如表 6.9.2 所示。

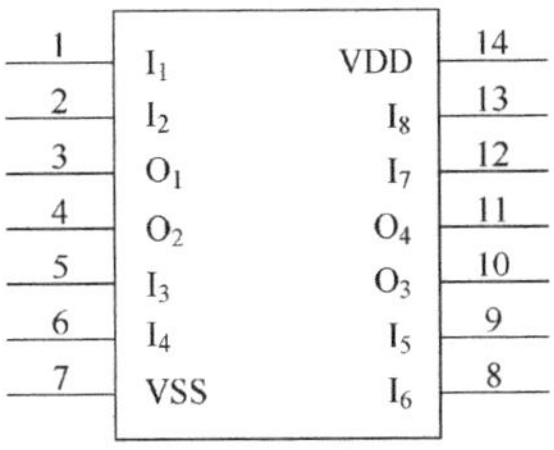

图 6.9.5 CD4001 的引脚排列

表 6.9.2 CD4001 的功能表

输入		输出
I_{2n-1}	I_{2n}	O_n
0	0	1
0	1	0
1	0	0
1	1	0

其逻辑表达式为：

$$O_n = \overline{I_{2n-1} + I_{2n}} \quad (n=1,2,3,4)$$

由 CD4001 及电阻、电容构成的延时电路示意图如图 6.9.6 所示，图中，当输入端 IN 接收到一个脉冲信号时，输出端 OUT 输出低电平，右侧 RS 触发器的输出端（4）的状态由低电平变为高电平，C_5 通过 R_7 充电，延时约 5s，左侧 RS 触发器的输出端（3）的状态由低电平变为高电平，使 OUT 端的状态由低电平变为高电平，完成延时。

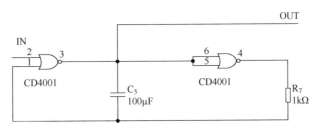

图 6.9.6 由 CD4001 及电阻、电容构成的延时电路示意图

由 CD4001、电阻和电容构成的音频振荡器用于产生 1000Hz 的振荡信号，其电路示意图如图 6.9.7 所示，通过 C_6 及 R_{11} 的反馈和反复的充放电过程使输出端 OUT 状态连续不断地翻转，从而产生振荡信号。

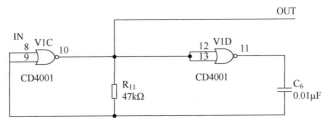

图 6.9.7 音频振荡器电路示意图

四、电路总体设计

总体电路示意图如图 6.9.8 所示。

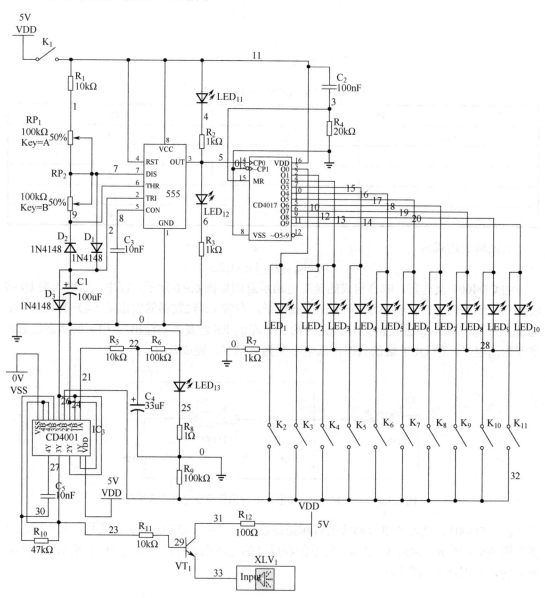

图 6.9.8　总体电路示意图

6.10　项目十　四花样彩灯控制器

一、设计任务及要求

要求彩灯的亮灭能实现下述四种花样,且能自动切换。

(1) 彩灯一亮一灭,从左向右流水移动。

(2) 彩灯两亮两灭,从左向右流水移动。

(3) 彩灯四亮四灭,从左向右流水移动。

(4) 彩灯从左到右逐次点亮,然后逐次熄灭。

二、系统框图

系统框图如图 6.10.1 所示。

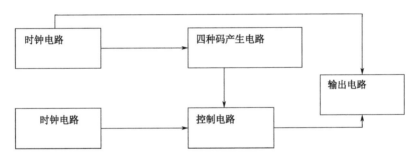

图 6.10.1　四花样彩灯控制器系统框图

时钟电路:主要由 555、电阻和电容组成,构成两个多谐振荡器,一个多谐振荡器周期为 0.721s,控制计数器和寄存器,另一个多谐振荡器周期约为 1.4s,控制双 D 触发器。

四种码产生电路:由模十六计数器 74LS161 产生四种码。

控制电路:主要由双 D 触发器 74LS74 和四选一数据选择器 74LS153 组成,双 D 触发器的两输出端接数据选择器的地址输入端,双 D 触发器能产生两位循环二进制码,彩灯每改变一种状态,数据选择器选择一种码输出,以实现彩灯花样自动循环的功能。

输出电路:由八位移位寄存器 74LS164 和八个彩灯组成,数据选择器输出的二进制码将被传送至 74LS164 的数据输入端,使 74LS164 的八个输出端依次按要求输出高电平,实现彩灯的花样点亮。

三、电路工作原理

1. 时钟电路

时钟电路主要由 555 定时器、电阻和电容构成,其电路示意图如图 6.10.2 所示。555 定时器是一种多用途的数字—模拟混合集成电路芯片，利用它可以方便地构成施密特触发器、单稳态触发器和多谐振荡器。555 的使用灵活、方便，所以其在波形的产生与变换、测量与控制等多种领域都得到广泛应用。

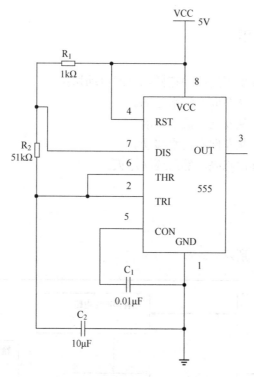

图 6.10.2　时钟电路的电路示意图

555 主要由以下单元组成：

（1）电阻分压器：由 3 个 5kΩ 的电阻组成。

（2）电压比较器：当控制输入端悬空时，两个电压比较器的基准电压分别是 $2U_{CC}/3$ 和 $U_{CC}/3$。

（3）基本 RS 触发器：对两个电压比较器输出的电压进行控制。

（4）放电三极管：放电三极管的集电极开路，其集电极作为 555 的输出端。

（5）缓冲器：用于提高电路的负载能力。

555 的引脚功能：引脚 1 为接地端；引脚 2 为低电平触发输入端；引脚 3 为输出端；引脚 4 为复位端；引脚 5 为电压控制端；引脚 6 为高电平触发输入端；引脚 7 为放电端；引脚 8 为电源端。

时钟电路由 555 定时器构成多谐振荡器，输出周期性的矩形波信号，其周期为：

$$T=0.7(R_1+2R_2)C$$

该信号用于控制模十六计数器和八位移位寄存器。要能看到彩灯的流动效果，电阻值和电容值可设为：$R_1=1\text{k}\Omega$，$R_2=51\text{k}\Omega$，$C=0.1\mu\text{F}$，代入上式计算得：

$$T=0.7\times(1+2\times51)\times1000\times0.1\times0.000001=0.00721(s)$$

时钟电路的输出：一路作为计数脉冲信号送到模十六计数器 74LS161；另一路作为移位时钟脉冲信号加到移位寄存器 74LS164。另一个 555 产生的矩形波信号控制彩灯点亮的自动转换，其周期设为模十六计数器的 20 倍，改变 R_1、R_2 即可调整控制信号的周期，可设为：$R_1=1\text{k}\Omega$，$R_2=1\text{M}\Omega$，$C=10\mu\text{F}$。

由前述公式计算得：

$$T=0.7\times(1+2\times1000)\times1000\times0.1\times0.000001=1.4007(s)$$

2．四种码产生电路

四种码产生电路的核心元器件为 74LS161（十六进制计数器），四种码产生电路的示意图如图 6.10.3 所示。

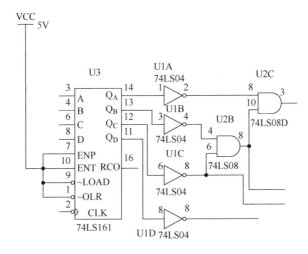

图 6.10.3　四种码产生电路的示意图

根据彩灯要实现的四花样，得到该电路要产生的四种码，如表 6.10.1 所示。

表 6.10.1　四种码

花样	状态要求	周期（位）	码
1	一亮一灭，从左向右流水移动	8	10000000
2	两亮两灭，从左向右流水移动	8	11000000
3	四亮四灭，从左向右流水移动	8	11110000
4	从 1～8 从左到右逐次点亮，然后逐次熄灭	16	1111111100000000

这四种码可由 74LS161 接组合逻辑门电路产生，74LS161 的功能表如表 6.10.2 所示。

工作原理：74LS08 是 2 输入四与门集成电路芯片，74LS04 含有 4 个非门，用来控制和改变 74LS161 输出的数据，使计数器迅速复位，最终产生四种不同的码。数据从 74LS161 的输出端 $Q_A \sim Q_D$ 输出，经过与门和非门，输入四选一数据选择器 74LS153 的数据输入端。

表 6.10.2　74LS161 的功能表

序号	原状态				次态				输　　出			
	Q_D	Q_C	Q_B	Q_A	Q_D	Q_C	Q_B	Q_A	A	B	C	D
0	0	0	0	0	0	0	0	1	0	1	1	1
1	0	0	0	1	0	0	1	0	0	0	1	1
2	0	0	1	0	0	0	1	1	0	0	1	1
3	0	0	1	1	0	1	0	0	0	0	0	1
4	0	1	0	0	0	1	0	1	0	0	0	1
5	0	1	0	1	0	1	1	0	0	0	0	1
6	0	1	1	0	0	1	1	1	0	0	0	1
7	0	1	1	1	1	0	0	0	1	1	1	0
8	1	0	0	0	1	0	0	1	0	1	1	0
9	1	0	0	1	1	0	1	0	0	0	1	0
10	1	0	1	0	1	0	1	1	0	0	1	0
11	1	0	1	1	1	1	0	0	0	0	0	0
12	1	1	0	0	1	1	0	1	0	0	0	0
13	1	1	0	1	1	1	1	0	0	0	0	0
14	1	1	1	0	1	1	1	1	0	0	0	0
15	1	1	1	1	0	0	0	0	1	1	1	1

3. 控制电路

控制电路主要由 74LS74、74LS153 组成，其电路示意图如图 6.10.4 所示。

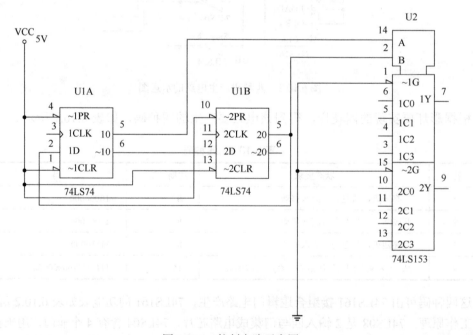

图 6.10.4　控制电路示意图

工作原理：数据从多谐振荡器的输出端输入双 D 触发器 74LS74 的时钟信号输入端，然后从 74LS74 的输出端输出至 74LS153 的地址输入端。两片 74LS74 的输出状态循环转变，74LS153 的输出端 1Y 循环输出 A、B、C、D 四种码，使彩灯的花样自动循环改变。

4. 输出电路

输出电路主要由八位移位寄存器 74LS164、八个彩灯和八个驱动电阻组成。

输出电路原理图如图 6.10.5 所示。

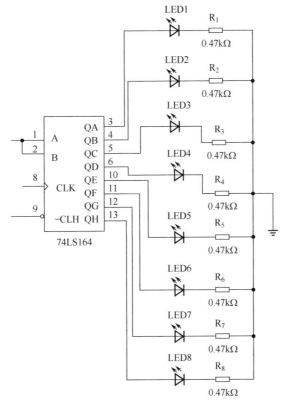

图 6.10.5　输出电路原理图

当输入移位寄存器数据输入端的码为 0000000 时，74LS164 清零，之后在移位脉冲 CP 的作用下，74LS164 中数码移动情况如表 6.10.3 所示。

工作原理：寄存器的数据输入端接收到四种码中的一种后，该码在移位寄存器的八位并行输出端从 QA 向 QH 顺次移动输出，控制彩灯按特定花样进行显示。

表 6.10.3　74LS164 中数码移动情况表

CP	$\overline{MR}$	QA	QB	QC	QD	QE	QF	QG	QH
1	1	1	0	0	0	0	0	0	0
2	0	0	1	0	0	0	0	0	0
3	0	0	0	1	0	0	0	0	0
4	0	0	0	0	1	0	0	0	0
5	0	0	0	0	0	1	0	0	0
6	0	0	0	0	0	0	1	0	0
7	0	0	0	0	0	0	0	1	0
8	0	0	0	0	0	0	0	0	1

四、电路总体设计

总体电路示意图如图 6.10.6 所示。

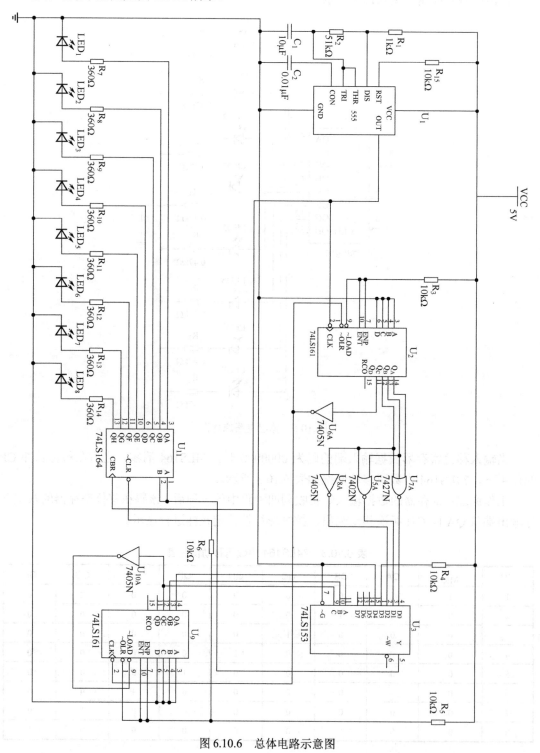

图 6.10.6　总体电路示意图

第七章　电子设计竞赛作品分析

7.1　作品一　乒乓球比赛计分器（2015 年赛题）*

一、设计任务及要求

　　乒乓球比赛开赛前，裁判员会叫双方运动员到身边，采用抛硬币的办法决定由谁先"选边"（或选发球权）的事宜；接下来是"热身"——对练 5min；"热身"结束后开始正式比赛。

　　抛硬币的过程可用电路模拟。设红色发光二极管亮代表硬币正面（有"1 元"字样面）朝上，黄色发光二极管亮代表硬币反面（有菊花图案面）朝上。裁判员只需要用手指触及触摸电极，红、黄发光二极管立即交替发亮；最后电路"随机"地点亮红色发光二极管或黄色发光二极管并形成稳态。

　　接下来进行选边（或选发球权）工作。此后，双方"热身"5min，"热身"结束即开始比赛。

　　（1）抛硬币电路。

　　硬币有两个状态，即正面朝上、反面朝上。在硬币被抛起并自由下落的过程中，这两个状态交替出现，最后硬币稳定地落在裁判员手掌上，此时状态确定，不再改变，称为稳态。模拟抛硬币的电路要符合这个逻辑。当抛硬币电路得电后，只有 1 个发光二极管亮（红或黄），表示硬币被抛起前处于一种稳态。从裁判员触及"触摸电极"到脱离"触摸电极"的过程就相当于硬币从被抛起到落入裁判员手中这一过程，在此期间，红、黄发光二极管快速交替地发亮，最后只有某一个发光二极管稳定地发亮，另一个则不再发亮，形成稳态。最终结果只跟起始状态和裁判员触及"触摸电极"的时间有关，为确保公正、公平，裁判员触及"触摸电极"的时间应至少持续数秒。

　　（2）"热身"定时、报警电路。

　　①该电路用按键开关启动。当选边（或选发球权）工作结束后，裁判员立即宣布双方开始"热身"，同时按下启动按键，电路开始计时。

　　②定时 5s。"热身"实际上需要持续 5min，为节省调试时间，这里以 1s 代替 1min，即用电路计时 5s 模拟选手热身 5min，计时时间到，电路会自动发出"滴"的一声报警，表示

---

* 江西省电子专题设计赛，后同。

时间到,"热身"结束,要求报警声只有一声"滴",持续约 1s,且要清晰,在 10m 之外应能听清,报警声不能断断续续,也不能持续过长,否则判为电路搭建不成功。

（3）计分电路。

①七段数码管能同步清零。

②计分有加、减功能。计分信息用按键输入,每按 1 次键,加（或减）1 分。

③乒乓球赛采用 11 分制,因规则限制,最高得分不会超出 19 分,所以个位七段数码管能显示 0～9 十个数,而十位七段数码管只要能显示 0 与 1 即可,当计分至 20,七段数码管自动清零。

④单独按"加"键或按"减"键都能使个位数的显示按要求变化,在计分时,偶尔（不常见）发现误显,可用加、减键予以调整、纠正。

⑤触摸电极。触摸电极用裸线做成蚊香盘（螺旋形状）。

（4）所有按键用标签注明其功能,如"复位""定时""加""减"等,以防裁判员误操作。

（5）触摸电极与按键要按照题意安置,不可互换使用。

（6）稳压电源用绿色发光二极管指示。

（7）计分电路只需要实现对某一个选手（甲或乙）的记分功能即可,不必重复。

（8）必须保证电路的各组成部分安全、稳定、可靠。

二、电路工作原理

总体电路示意图如图 7.1.1 所示。

1. 抛硬币电路

题目要求当裁判员触及"触摸电极"及脱离接触的数秒钟内,红、黄发光二极管快速交替地发亮,最后稳定地使其中一只发光二极管点亮。首先是触摸单稳态电路,当裁判员触碰触摸电极的金属片,通过人体感生的杂波信号由 C_{21} 加至 NE555 的触发端,使 NE555 的引脚 3 的输出由低电平变成高电平,继电器的常开触点得电,NE555 的引脚 7 内部截止,电源便通过 R 向 C 充电,这就是定时的开始。当电容 C 上电压上升至电源电压的 2/3 时,NE555 的引脚 7 导通,使 C 放电,使引脚 3 的输出由高电平变回低电平。定时长短由 R、C 决定:$T=1.1 \times R \times C$。按图中所标数值,定时时间约为 10s。触摸单稳态电路的输出与脉冲信号一起通过一个与门送至 CD4017（U_6）的时钟输入端,CD4017（U_6）的输出端 Q_0 和 Q_1 分别接一个黄色和红色的发光二极管,此后,Q_0 和 Q_1 交替输出高电平,即红、黄发光二极管交替地发亮,当定时结束,则稳定地使一只发光二极管亮。抛硬币电路示意图如图 7.1.2 所示。

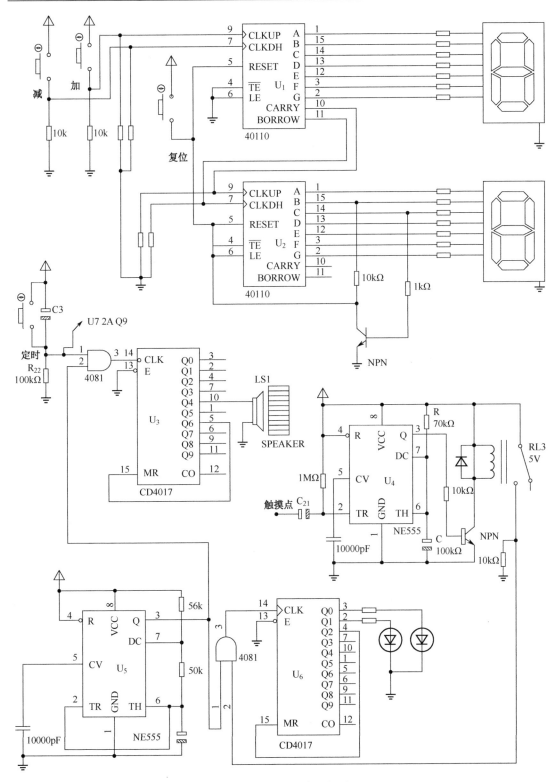

图 7.1.1　总体电路示意图

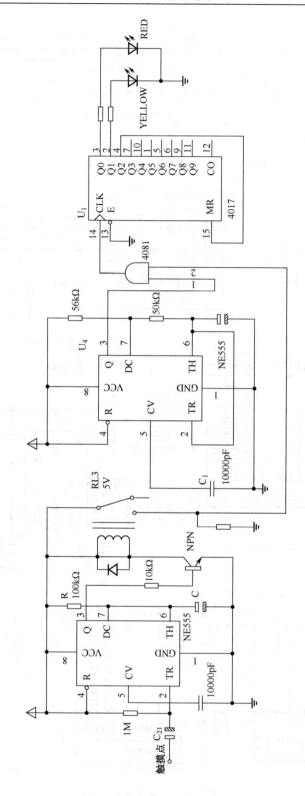

图 7.1.2　抛硬币电路示意图

2."热身"定时、报警电路

当按下定时按键,电源开始向电容 C_3 充电,延时电路的输出为高电平,这就是定时的开始。当 C_3 上电压上升至电源电压的 2/3 时,电容放电,使延时电路的输出由高电平变回低电平。定时长短由 R_2、C_2 决定:$T=1.1×R_2×C_2$。

延时电路的输出与脉冲信号通过与门输出至 CD4017 的时钟输入端。CD4017 的 Q_6 与清零端相连,Q_4 接一蜂鸣器,Q_4 输出高电平时蜂鸣器响,Q_5 输出高电平时则响声停止,满足响一声的要求。"热身"定时、报警电路示意图如图 7.1.3 所示。

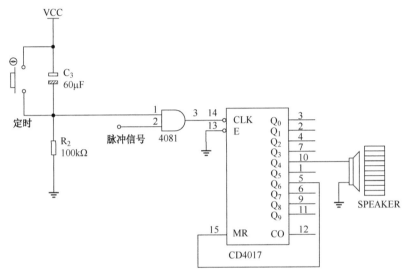

图 7.1.3　"热身"定时、报警电路示意图

3. 计分电路

计分电路示意图如图 7.1.4 所示,图中上方的 CD40110 的加时钟输入端和减时钟输入端各接一个下拉电阻和按键再接至电源,若按下按键则在时钟输入端产生一个上升沿,题目要求最高得分不超出 19 分,十位只要能显示 0 与 1 即可,当显示 2 的时候下方的 CD40110 的引脚 15、引脚 14 分别输出高电平、低电平,这时三极管导通,输出高电平,此高电平加至两片 CD40110 的清零端,使七段数码管清零,则显示又从 19 回到 00。

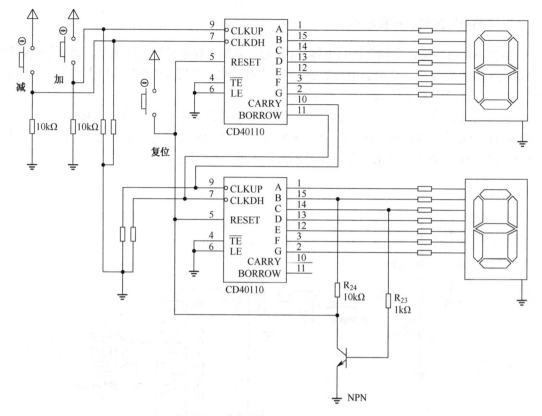

图 7.1.4　计分电路示意图

7.2　作品二　九路抢答器（2016 年赛题）

一、设计任务及要求

　　每次抢答前，主持人首先按下复位键，将抢答器上的"抢答号"数据显示模块复位，使其显示为 0。之后，主持人念抢答题，念毕即可开始抢答，选手通过按自己的抢答按键进行抢答，数据显示模块显示抢答成功的选手的"抢答号"，主持人公布抢答号，同时按下答题倒计时按键，此时应可见到计时器单元开始倒计时，倒计时数值从 0 开始，按0-9-8-7-6-5-4-3-2-1-0 的顺序递减至 0 后稳定地显示 0，完成一次抢答过程。

二、系统框图

　　系统框图如图 7.2.1 所示。

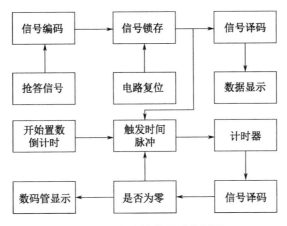

图 7.2.1　九路抢答器系统框图

三、电路工作原理

1. 信号编码模块

信号编码模块电路示意图如图 7.2.2 所示。

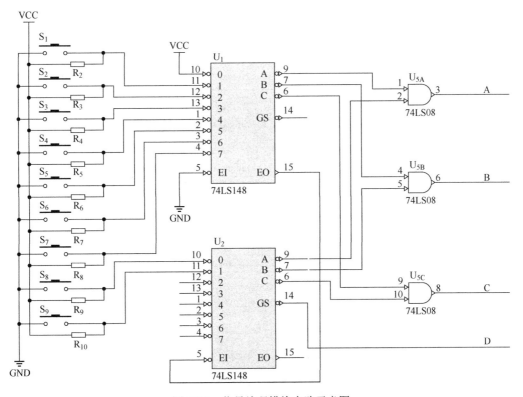

图 7.2.2　信号编码模块电路示意图

本模块主要由 9 个 B 键、9 个上拉电阻、两片 74LS148（优先编码器）组成，1 号抢答按键连接第 1 片 74LS148 的引脚 0，2 号抢答按键连接第 1 片 74LS148 的引脚 1，以此类推，

8 号抢答按键应连接第 2 片 74LS148 的引脚 0，9 号抢答按键应连接第 2 片 74LS148 的引脚 1。第 1 片 74LS148 的编码输出接口与第 2 片 74LS148 的使能端相连，由于 74LS148 是三位输出编码的集成电路芯片，第 2 片 74LS148 的编码输出口就作为最高位的输出。两片 74LS148 的相同的输出端接一个与门（74LS08），每片 74LS148 共 3 个输出端，所以此处共需 3 个与门，最后形成三个输出端（图中 A、B、C）。

2. 电路复位模块

电路复位模块主要包含 5 个 SR 锁存器，其示意图如图 7.2.3 所示，图中 S 端为输入端，R 端为清零端，两端均是低电平有效，A_1、B_1、C_1、D_1 为输出端，第 5 个 SR 锁存器用来锁存 LED 的亮灭控制信号。当按下复位按钮时，前 4 个 SR 锁存器清零，第 5 个 SR 锁存器置 1。

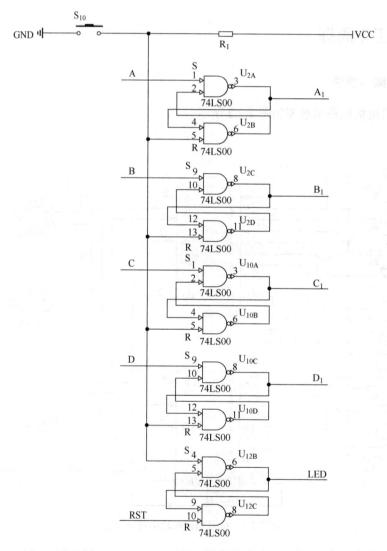

图 7.2.3　电路复位模块示意图

3. 信号锁存模块

信号锁存模块示意图如图 7.2.4 所示。本模块由 CD4072（4 输入或门）起判断作用，当 4 个输入信号不全为 0（低电平）时，CD4072 输出信号从 0 跳变到 1，经过非门，与复位信号"同或"，使得 74LS373 锁存信号。

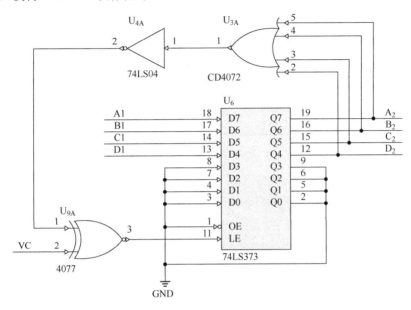

图 7.2.4 信号锁存模块示意图

4. 数据显示模块

数据显示可采用 CD4511 和 74LS48 实现，但因 74LS48 的输出为低电平有效，须对接共阴极七段数码管，所以还需要添加非门，电路较为复杂，所以本实验选用 CD4511，CD4511 与七段数码管之间应添加限流电阻，防止电流过大烧毁七段数码管。数据显示模块示意图如图 7.2.5 所示。

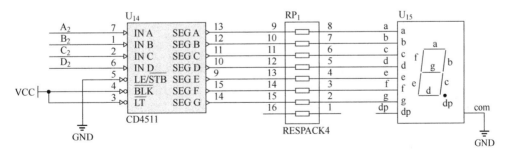

图 7.2.5 数据显示模块示意图

5. 计时器模块

计时器模块示意图如图 7.2.6 所示，该模块主要由 555、电阻、电容组成多谐振荡电路，产生振荡周期为 1s 的脉冲信号，计数功能由 74LS192（同步加减计数器）完成，开始按键连接 74LS192 的异步置数端，按下开始按键，74LS192 的输入端得到信号，即 $D_3D_2D_1D_0=1001$，使 74LS192 输出"置数为 9"的信号编码，即 $Q_3Q_2Q_1Q_0$=1001，使 CD4072 发出信号，让 74LS40（4 输入与非门）释放 555 产生的信号，系统开始倒计时，当 74LS192 输出全为 0，即 $Q_3Q_2Q_1Q_0$=0000 时，CD4072 发出信号，使 74LS40 封锁 555 信号，从而使 74LS192 的输出始终保持全为 0。其中涉及数据显示的内容与前述雷同。

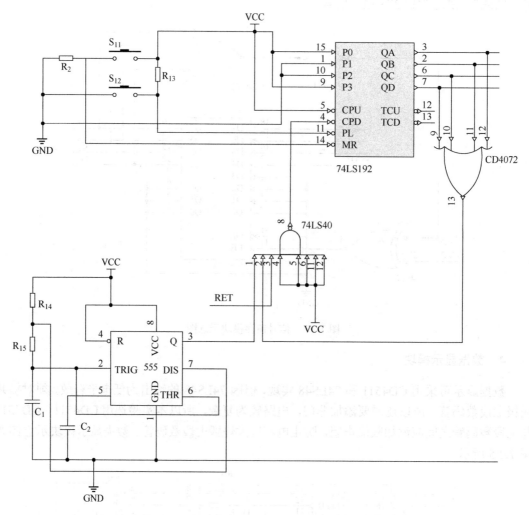

图 7.2.6　倒计时电路示意图

四、电路总体设计

总体电路示意图如图 7.2.7 所示。

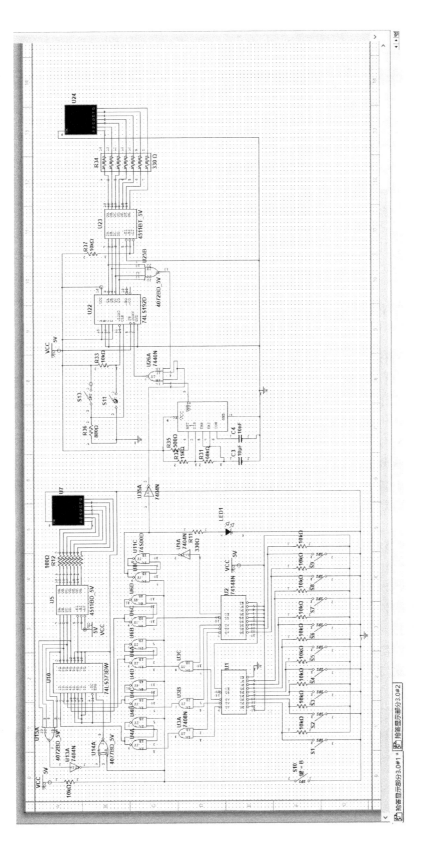

图 7.2.7 九路抢答器总体电路示意图

7.3　作品三　简易数控直流稳压电源（2017 年赛题）

一、设计任务及要求

设计并制作一个简易数控直流稳压电源，用按键设置输出的电压值，当前电压值用共阴极七段数码管显示。上电后电压初始值必须为 0，电压值的设置包含且不限于 3.0V、5.0V 与 6.0V 三挡常用值，电压值误差要求小于 5%，按键使用数目不限，电压值的设置与改变（重设）越简单越好。输出电压应具有一定的带负载能力。当设定输出电压为 5.0V 时，若额定负载电阻为 100Ω，带载电压比空载电压下降的程度不应超过 1%。

二、电路工作原理

简易数控直流稳压电源总示意图如图 7.3.1 所示。

设计时，可利用集成电路芯片 4017 来实现稳压电源电压的改变，并用按键来控制 4017 的脉冲信号，以此来达到手动调节的目的。将 4017 的 Q_1～Q_5 输出端通过二极管接至集成电路芯片 4511，可实现每按一下按键就改变一次七段数码管显示的数值并保证数值与输出的实际电压大小相对应。

4017 的输出端如果输出高电平，则可以使集成电路芯片 4066 导通，并将 4066 的输出电压值转化为七段数码管所显示的值（此功能可利用电阻分压的原理来实现），然后再使 4066 所输出的电压信号经过一个电压跟随器（可由 LM358 和三极管来实现），以保证输出电压的稳定。

除去上述核心部分，还应按设计要求补全电路功能，电压设置增加 4.5V 挡，初始显示 0.0V，其他挡位分别为 3.0V、5.0V、6.0V。增设输出过流检测与提示功能，在连接负载时，负载电流过大会引起七段数码管的闪烁，可利用 LM393 来进行电压的比较，以此来控制 NE555 输出脉冲，实现七段数码管的闪烁。

由总图可知，该电路由三部分构成，第一部分是由 4017、4511 和七段数码管等所构成的显示部分；第二部分是由 4066 和 LM358 等构成的电压稳定输出部分；第三部分是由 NE555、LM393 和三极管等构成的控制七段数码管闪烁显示的报警部分（用于提示负载电流过大）。

显示部分的工作原理：首先，借助按键的闭合来引发 4017 的脉冲信号产生"跳动"，引起输出端循环输出高电平，输出端通过二极管接到 4511 的输入端，以此来让七段数码管依次显示 3.0、4.5、5.0、6.0。

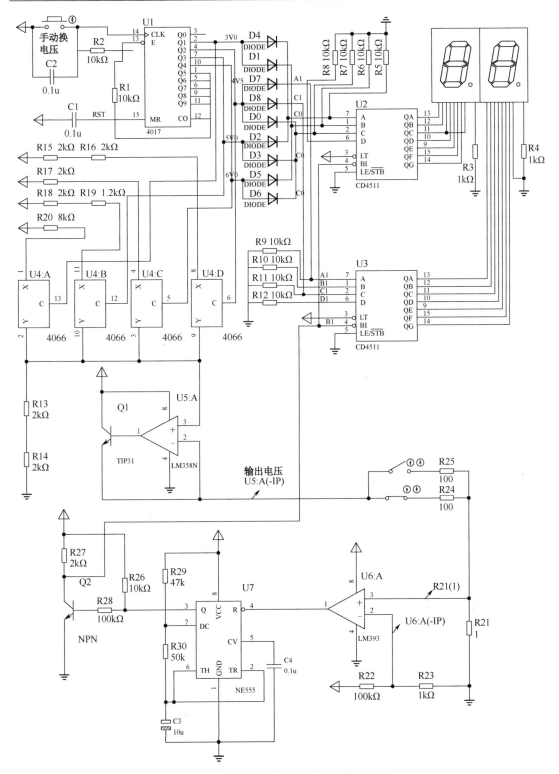

图 7.3.1　简易数控直流稳压电源总示意图

电压稳定输出部分的工作原理：将 4017 的输出端 $Q_1 \sim Q_5$ 分别接到对应的 4066 上，以

$Q_1 \sim Q_5$ 输出的高电平来导通对应的 4066，并输出相应的电压信号，其中每个 4066 的输出电压与七段数码管显示数值的偏差不应大于 1%，每个的 4066 的输出电压可通过几个串联的阻值不同的电阻来取得，例如，3.0V 电压可由原电源电压接 8kΩ 电阻再串联两个 2kΩ 电阻接地，则 8kΩ 电阻和 2kΩ 电阻之间对地的电压便是 3.0V。通过一个由 LM358 和三极管（NPN型）所构成的电压跟随器来稳定由 4066 输出的电压，防止在电路接外界负载时出现输出电压大小发生显著变化的情况。

报警部分的工作原理：利用 NE555 来控制七段数码管闪烁，即利用 NE555 的引脚 3 通过由三极管构成的非门对 4511 的消隐端（引脚 4）进行控制，若 NE555 开始工作，就可引起七段数码管闪烁。将输出电压通过两个自锁开关分别接到 100Ω 电阻上，并在尾端加一个 1Ω 电阻，此时加在 1Ω 电阻上的电压等于流过它的电流，再将此电压接到 LM393 比较器的 +端，并将-端接到 100kΩ 电阻和 1kΩ 电阻之间。当将两个自锁开关都接通时，LM393 的+端的电位高于-端的电位，LM393 的输出端输出高电平到 NE555 的引脚 4，启动 NE555。

7.4　作品四　三相步进电机驱动器（2018 年赛题）

一、设计任务及要求

用红、绿、黄三种颜色的发光二极管模拟电机的三个绕组，通过控制发光二极管的发光次序与变化速度来模拟电机的运行相序与转速。

（1）模拟电机运转时各脉冲信号的脉宽要近似等宽，否则会导致"转速"不匀。

（2）电机运转时必须有一相得电，如果某时段三相均不得电，由于步进电机运转无惯性，会导致电机瞬间停转，即任意时刻三个发光二极管都应点亮一个。

（3）红、绿、黄三个发光二极管（R、G、Y）分别对应电机的 A、B、C 三相，装配时按照等边三角形排列（发光二极管位于等边三角形顶点）。模拟电机正转时按照 R-Y-G（顺时针）顺序发光。

二、设计制作要求

本实验电路主要由本机部分与红外遥控部分组成。

1. 本机部分

（1）上电后，电源指示灯点亮，此时"电机不能转动"（R、G、Y 均不发光）。

（2）设置一个触摸开关，用点动的方式模拟控制电机的工作状态，电机有四种工作状态，如图 7.4.1 所示。

上电后，三个发光二极管均不亮，模拟电机上电后的初态为停转。每碰一下触摸开关，电路改变一种状态，模拟电机进入下一状态。模拟电机低速正转时，要求脉冲信号频率为 1Hz，此时用肉眼能明显分辨顺时针发光顺序。模拟电机高速正转时，要求脉冲信号频率为

10Hz，此时可以看到频率加快，能大概分辨出发光顺序。模拟电机低速反转时，要求脉冲信号频率为 1Hz，用肉眼能明显分辨逆时针发光顺序。

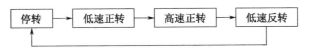

图 7.4.1　电机的工作状态

触摸开关的制作：将一段裸线盘成螺旋状后平贴在 PCB 安装面。

（3）用七段数码管显示 0～3 分别对应停转、低速正转、高速正传、低速反转四种控制状态。

2. 红外遥控部分

（1）要求红外发射管及相关电路安装在 PCB 安装面的左上角，红外接收管安装在右上角，红外发射管、红外接收管之间的距离要大于 15cm，二者之间不能有遮挡物。

（2）红外遥控电路从本机部分取电，两者之间只能有电源正与公共地两根导线相连，红外遥控电路工作电压小于 4V。

（3）红外遥控电路设有一个按键开关，此开关具有与本机触摸开关同样的控制功能。

三、系统框图

系统框图如图 7.4.2 所示。

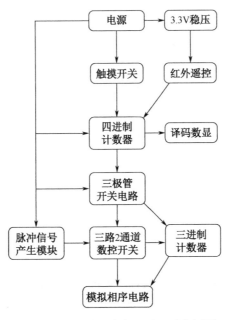

图 7.4.2　三相步进电机驱动器系统框图

四、电路工作原理

1. 电源模块

交流电源通过电源适配器、变压器降压，经过整流电路将交流电变成直流电，LM7809稳压器输出+9V 直流电压，工作时电源指示灯亮；使用 AMS1117-3.3V（如图 7.4.3 所示）三端线性稳压芯片将+9V 电压继续降压至 3.3V，为红外遥控模块提供低于 4.5V 的工作电压。

图 7.4.3　AMS1117-3.3V

电源适配器变比为 55∶6，可将 220V 交流电转化为 24V 交流电，电源适配器额定输出电流为 300mA，电源模块示意图如图 7.4.4 所示。

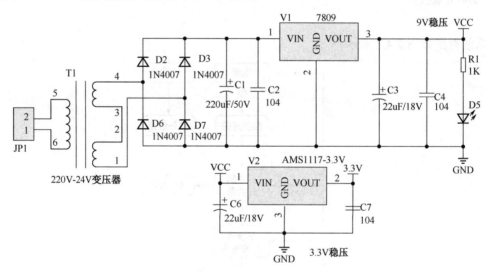

图 7.4.4　电源模块示意图

1）单相整流桥

单相整流桥由四个 1N4007 整流二极管（如图 7.4.5 所示）两两对接构成，可将 24V 单相交流电压转换成约 17V 直流电压。1N4007 最大正向整流电流为 1A，反向截止电压高达1200V，可以在系统内稳定工作。

2）三端稳压器

可供选择的三端稳压器有 LM78×× 系列集成电路芯片，如 LM7905、LM7809 和

LM7812。

如果要将 24V 稳压至 5V，选择 LM7905 的话则其工作负担重，容易因过热触发芯片的保护机制，导致电路停止工作；选择 LM7809 或 LM7812 对本系统而言区别不大，考虑到集成电路芯片成本、稳定性及安全因素，本实验选用 LM7809（如图 7.4.6 所示），将系统电压稳压在 9V。在三端稳压器电压输入端并联 220μF/50V 和 100nF 的电容；在电压输出端并联 22μF/18V 和 100nF 的电容，用来使三端稳压器稳定工作。

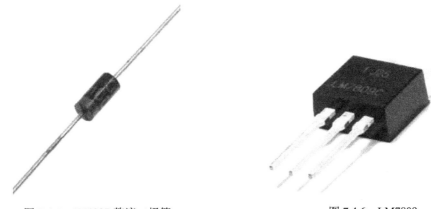

图 7.4.5　1N4007 整流二极管　　　　　　　　图 7.4.6　LM7809

2. 触摸开关（NE555 单稳态模块）

NE555 单稳态模块电路示意图如图 7.4.7 所示。

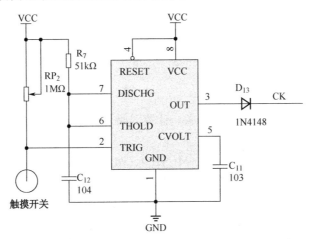

图 7.4.7　NE555 单稳态模块电路示意图

此模块为由 NE555 及少量外围电路构成的单稳态触发器。人的皮肤表面含有大量的盐分和水，使自身带有导电性，当有人接触触摸开关（即 NE555 的引脚 2）后，NE555 的引脚 2 通过人体接地，其电平被拉低，此处电压小于 3V（即 $V_{CC}/3$），则 NE555 的引脚 3 输出一个高电平脉冲信号，脉冲信号宽度由人体接触触摸开关的时间长短决定。

NE555 的外形如图 7.4.8（a）所示，其内部结构如图 7.4.8（b）所示。

（a）NE555 的外形

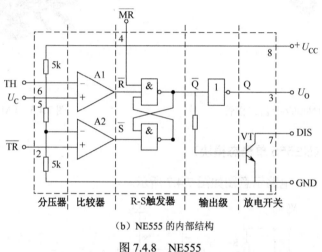

（b）NE555 的内部结构

图 7.4.8　NE555

3．计数及显示部分

依据题目要求，当人体触摸一次开关，计数器需要计数一次，以此为信号改变电机工作状态。

常用的数字计数器有多种型号：如 74LS160、74LS161、CD4017。

74LS160 和 CD4017 是十进制计数器，74LS161 是十六进制计数器。

与 74LS160 和 74LS161 等二进制计数器不同，CD4017 是由十进制计数器和时序译码电路两部分组成的，这种计数器具有编码可靠、工作速度快、译码简单且译码输出无过渡脉冲信号干扰等优点。CD4017 工作时，通常只有译码选中的那个输出端为高电平，其余输出端为低电平。本实验选用 CD4017，通过异步清零手段使其为四进制计数器，对应四种系统状态，其工作电路示意图如图 7.4.9 所示，其中 D_{11}、D_{12} 为控制开关，CD4017 的输出端接三路 2 通道数控开关 CD4053 的控制端，控制其变换通道，实现对电机状态控制的模拟。

CD4017 通过二极管接译码器 CD4511 的 A、B 输入端，二极管起或门的作用，CD4511 的 C、D 输入端接地（清零），其输出端接共阴极七段数码管相应端口，使其显示数字（译码显示电路示意图如图 7.4.10 所示）。由 CD4017 和 CD4511 的控制逻辑关系（如表 7.4.1 所示）得出 $A=Q_1+Q_3$，$B=Q_2+Q_3$，$C=D=0$。

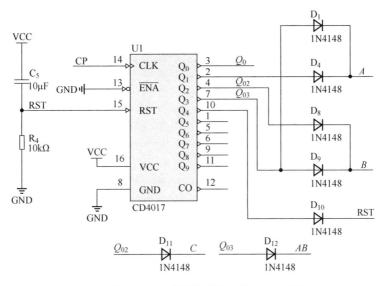

图 7.4.9　四进制计数器工作电路示意图

表 7.4.1　CD4017 与 CD4511 的控制逻辑关系

CP	$Q_0Q_1Q_2Q_3$	DCBA
↑	1000	0000
↑	0100	0001
↑	0010	0010
↑	0001	0011

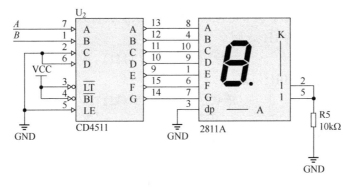

图 7.4.10　译码显示电路示意图

4. 开关控制电路

开关控制电路示意图如图 7.4.11 所示。本开关控制电路是将集电极与发射极间的电流信号作为开关信号的电路，开关三极管 T_1 工作在截止区和饱和区，R_2 是下拉电阻，防止开关三极管受噪声影响误动作，R_3 是基极电阻，起限流作用。开关三极管采用 9012（NPN 型三极管），其外形如图 7.4.12 所示。

初始状态时，Q_0 端输出高电平，开关三极管不导通，后级模块 CD4017 和 CD4053 皆不工作，模拟步进电机停转。模拟步进电机其余三种状态时，Q_0 端都输出低电平，开关三极管导通，后级电路工作，模拟对步进电机的驱动。

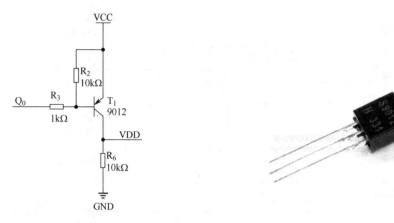

图 7.4.11　开关控制电路示意图　　　　　　　　　　图 7.4.12　9012 三极管

5. 脉冲信号产生模块

脉冲信号产生模块的电路示意图如图 7.4.13 所示，其中的 CD4011 的外形和内部结构分别如图 7.4.14 和图 7.4.15 所示。本实验要求转速存在低速与高速两种状态，两种状态对应两种频率。本模块采用与非门+RC 充放电电路组成多谐振荡器。与非门作为一个开关倒相元器件，可用于构成各种波形的脉冲信号的产生电路。本模块电路的基本工作原理是利用电容器的充放电控制信号的输出，当输入电压达到与非门的阈值电压时，与非门的输出状态即发生变化。

电路输出的脉冲信号波形参数直接取决于电路中阻容元器件的参数。脉冲信号振荡周期 $T=2.2RC$，通过固定电容参数，调节电位器阻值的方法能够将频率控制在我们需要的范围内。其中，低速旋转要求频率为 1Hz，则

$$R=1/(2.2C)\approx45\ (\text{k}\Omega)$$

高速旋转要求频率为 10Hz，则

$$R=0.1/(2.2C)\approx4.5\ (\text{k}\Omega)$$

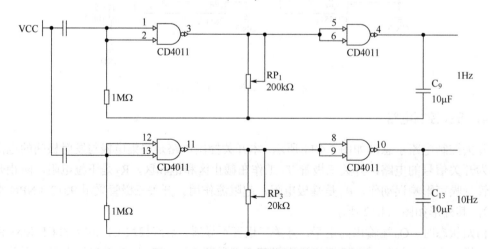

图 7.4.13　脉冲信号产生模块的电路示意图

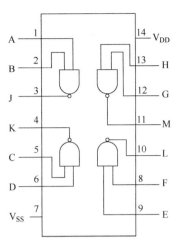

图 7.4.14　CD4011 外形　　　　　　　　　　　图 7.4.15　CD4011 内部结构

6. 其他部分

　　CD4053 是三路 2 通道数控开关（数字控制模拟开关），有三个独立的数字控制输入端（A、B、C）和 INH 输入端，具有较低的导通阻抗和较低的截止漏电流。所谓模拟开关，实际上就是由 MOS 管构成的传输门。模拟开关的电流趋于零时电压也趋于零，其特性类似实际的开关，模拟开关的信号传达方向可以是双向的。

　　在本电路系统中，除了模拟停转的状态，其余三种状态均需要"令电机工作"，实验者每触碰一次触摸开关，电路就转换到下一个状态，且电路处于第四个状态时实验者再次触碰触摸开关则系统回到第一个状态。状态的转换包含了顺序及频率的转换，因此我们选用三路 2 通道数控开关使电路依次转换状态。三路 2 通道数控开关的应用电路示意图如图 7.4.16 所示，图中，CD4053（外形如图 7.4.17 所示）的控制端 A 和 B 并联在一起。由四进制计数器输出端 Q_1 控制通道 X，对步进电机相序进行控制；由四进制计数器 Q_2 控制通道 Y，对步进电机转速进行控制。

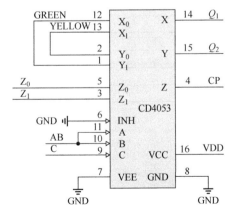

图 7.4.16　三路 2 通道数控开关的应用电路示意图　　　　　图 7.4.17　CD4053

CD4017 每次只有一个输出端输出高电平，契合三相步进电机以单三拍运行方式旋转时每拍仅有一相得电的规律，三进制循环计数分别对应三个相序。三进制计数器、步进电机相序模拟模块的电路示意图如图 7.4.18、图 7.4.19 所示。

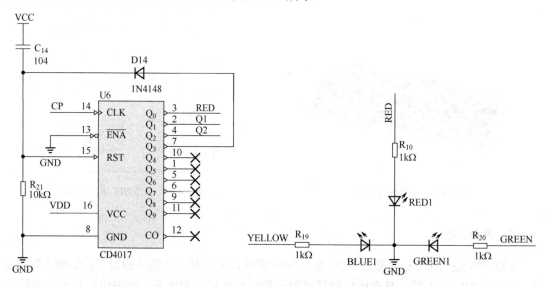

图 7.4.18　三进制计数器的电路示意图　　　图 7.4.19　步进电机相序模拟模块的电路示意图

CD4053 的内部结构如图 7.4.20 所示。整个系统的功能状态转移表如表 7.4.2 所示。

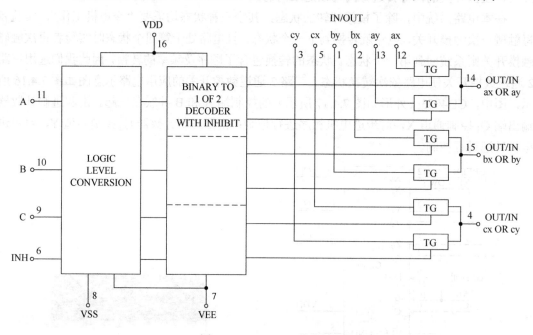

图 7.4.20　CD4053 的内部结构

表 7.4.2 系统功能状态转移表

触摸次数 (N=0, 1, 2, …)	计数输出 (CD4017)	译码输入 (CD4511)	七段数码管显示	三路2通道数控开关（CD4053）	计数控制 (CD4017)	频率选择 (CD4011)	驱动效果
0+4N	$Q_0=1$	0000	0	不工作	不工作	无	停转
1+4N	$Q_1=1$	0001	1	Q_1-GREEN Q_2-BLUE	循环计数	1Hz	低速正转
2+4N	$Q_2=1$	0010	2	Q_1-GREEN Q_2-BLUE	循环计数	10Hz	高速正转
3+4N	$Q_3=1$	0011	3	Q_1-BLUE Q_2-GREEN	循环计数	1Hz	低速反转

7. 红外遥控模块（拓展要求）

依据题目要求，红外遥控模块上的按键应具有与本机触摸开关同样的控制功能，存在两种方案：

方案一：采用 TCRT5000 红外反射传感器，其包含高发射功率红外光电二极管（红外发射管）和高灵敏度光电晶体管（红外接收管）。采用 LM393 比较器。当 TCRT5000 传感器的红外发射管发射出的红外信号没有被红外接收管接收或已被接收但信号强度不够大时，红外接收管一直处于关断状态，此时红外遥控模块的输出端为低电平，指示二极管处于熄灭状态；当红外信号被红外接收管接收且信号强度足够大，红外接收管饱和导通，此时红外遥控模块的输出端为高电平，指示二极管被点亮，即红外遥控模块输出一个高电平脉冲信号。方案一的电路示意图如图 7.4.21 所示。

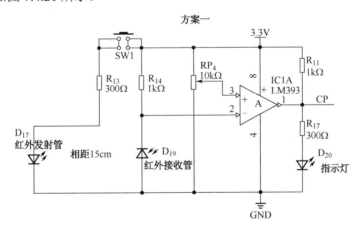

图 7.4.21 方案一的电路示意图

方案二：方案二的电路示意图如图 7.4.22 所示。同方案一一样，采用 TCRT5000 红外反射传感器，发射端与接收端电路分离。通过串联 NPN 型和 PNP 型三极管开关电路实现对红外信号的接收处理，其原理与前文提到的三极管开关电路相同，当没有接收到红外信号或信号强度不够大时，两个三极管均截止，CP 端输出低电平（0V），当红外接收管饱和导通后，三极管发射极与集电极均导通，CP 端输出高电平（9V），持续时间与红外信号发射端按键被按下的时间相同，按一次按键即输出一个高电平脉冲信号。

方案一原理简单，但缺点是直插式 LM393 在 PCB 上所占空间较大，不利于周围电路的焊接，且 LM393 价格偏高，方案一中只使用了 LM393 中的一个运放，造成了资源浪费。而方案二采用的三极管相对于 LM393 则便宜了许多，且三极管体积小，容易焊接，所以本实验最终选择方案二。

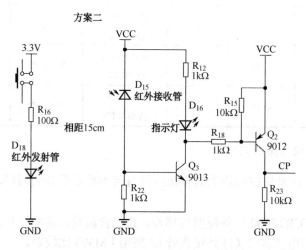

图 7.4.22　方案二的电路示意图

五、电路总体设计

电路总体设计示意图如图 7.4.23 所示。

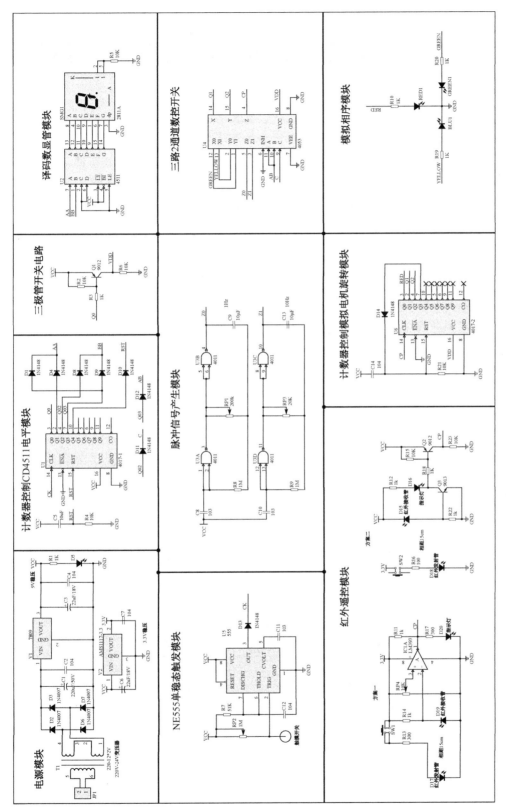

图 7.4.23 三相步进电机驱动器电路总体设计示意图

7.5　作品五　简易数控可变增益放大器（2019 年赛题）

一、设计任务及要求

制作一个带跟随器的信号源（直流输出电压在-1V 到+1V 之间，且连续可调），输出电压用可调电阻调节。要求输出电压上下限误差小于 5%。

用"+""-"键设置放大倍数，用七段数码管显示当前放大倍数，显示范围为 0~9。显示"0"表示放大器输出电平为 0V。

上电后的放大倍数初值必须为"5"。

要求此放大器既能放大正极性信号，又能放大负极性信号。

当放大器输入端对地短路，且放大倍数设置为 9 时，要求输出电压误差小于 5mV。

当放大器输入电压小于 0.2V 时，要求放大倍数误差小于 5%。

当输入电压为±1V，放大倍数设置为 2 时，放大器仍能正常放大，放大倍数误差小于 5%。

设计并制作一个功能电路，用直拨开关控制此功能电路的接入。当功能电路未接入时，放大器正常工作，当功能电路接入时，放大器输出一阶梯波，阶梯波极性不限，要求阶梯波有十级等距台阶，周期为 3~8s。

二、系统框图

系统框图如图 7.5.1 所示。

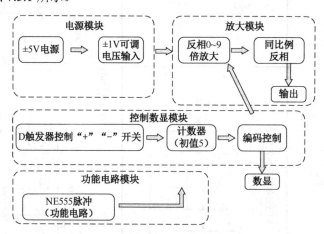

图 7.5.1　简易数控可变增益放大器系统框图

三、电路工作原理

220V 市电经变压、整流、滤波，再由三端稳压器稳压，使电压的上限和下限稳定在+5V和-5V。在三端稳压器的两个输出端接发光二极管，上电后，发光二极管亮起表示电路工作正常。上述电压通过电阻分压，使电压限值稳定在±1V。接入滑动变阻器后，输出电压就在±1V 之间可调了，最后此电压经跟随器向外输出，达到实验要求。电源模块电路示意图如图 7.5.2 所示。

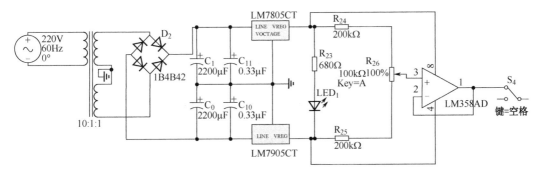

图 7.5.2　电源模块电路示意图

经过可调放大后的电压是负值，需要把电压进行 1:1 反相放大，输出正值。反相放大模块电路示意图如图 7.5.3 所示。

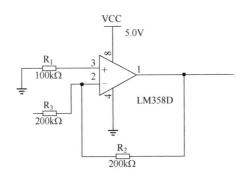

图 7.5.3　反相放大模块电路示意图

集成电路芯片 40192 用于将上电后的放大倍数初值设为 5。上电时计数器的置数端为低电平，后经过电容 C_3 充电，其状态变成高电平，使计数器正常工作，可以进行加/减计数。40192 的两个脉冲输入端在无信号输入时必须为高电平，因此需要用两个二极管构成与门电路。计数部分的电路示意图如图 7.5.4 所示。

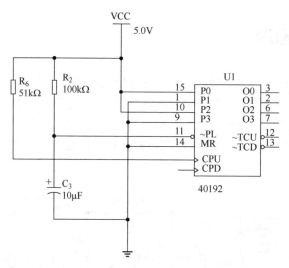

图 7.5.4　计数部分的电路示意图

D 触发器用于增加/减少放大倍数。由于上电后，操作按键时会产生抖动影响，为了使脉冲波形更理想，所以用集成电路芯片 4013 消除抖动影响。

如图 7.5.5 所示，当 4013（U_{2A}）的引脚 1 为高电平时，引脚 2 为低电平，引脚 4 通过电容接地且与引脚 1 相连，引脚 4（置 0 端）一开始不起作用，后来经过电容充电变为高电平，使引脚 1 为低电平，引脚 2 为高电平，即产生一个脉冲信号，使 D 触发器工作。电容 C_7 用于防抖。

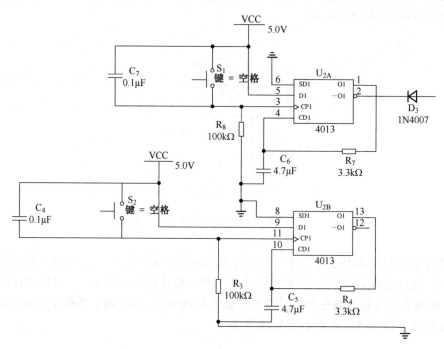

图 7.5.5　D 触发器电路

使 CD4511 的消隐端 $\overline{BI}$、锁定端 LE、灯测试端 $\overline{LT}$ 均不工作，其输出端接七段数码管使其显示相关读数。电阻 R_9 为保护电阻。显示部分的电路示意图如图 7.5.6 所示。

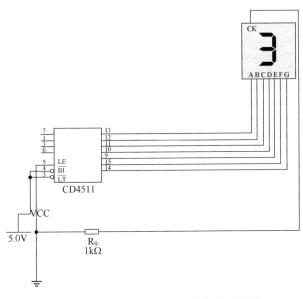

图 7.5.6 显示电路显示部分的电路示意图

CD4066 是双向模拟开关，主要用作模拟或数字信号的多路传输。每个 CD4066 内部有 4 个独立的双向模拟开关，每个双向模拟开关有输入、输出、控制三个端子，其中输入端和输出端可互换。

通过 CD4066 可达到电压增益可调的目的，通过开关电路可控制电阻的短路与否，进而控制反馈电阻的大小，从而控制放大倍数。将用于控制放大倍数的各电阻的阻值比设为 8:4:2:1，可以得到 1 到 10 的放大倍数。CD4066 的工作电压可以采用双电源，本实验中进行软件仿真时接入的是 ±5V 的电源。增益可调电路示意图如图 7.5.7 所示。

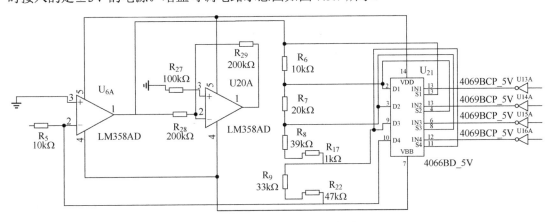

图 7.5.7 增益可调电路示意图

电阻 R_1、R_{21} 和电容 C_1 构成定时电路。定时电容 C 上的电压 U_C 作为高触发端（555 的 TER 端）和低触发端 TL（555 的 TRI 端）的外触发电压。放电端（555 的 DIS 端）接在 R_1 和 R_{21} 之间。电压控制端（555 的 CON 端）不外接控制电压而接入高频干扰旁路电容 C_1（0.01μF）。直接复位端 R（555 的 RST 端）接高电平，使 555 处于非复位状态。

图中采用了滑动变阻器时振荡频率可以连续可调，根据公式 $T \approx 0.693 \times (R_1+R_2) \times C$

计算出应有的频率。555 定时电路示意图如图 7.5.8 所示。

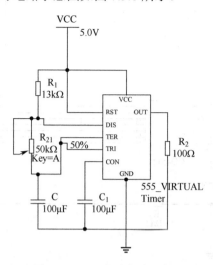

图 7.5.8   555 定时电路示意图

四、电路总体设计

电路总体示意图如图 7.5.9 所示。

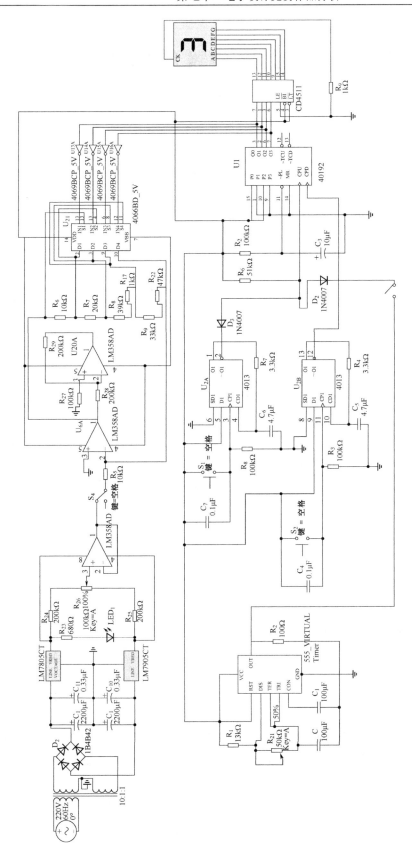

图 7.5.9 电路总体示意图

7.6　作品六　简易温度检测器（2020年赛题）

一、设计任务及要求

制作一个输出电压为直流 7.5V，误差小于 2% 的稳压电源，由红色发光二极管指示，作品的其余部分用此电源供电。

（1）用负温度系数热敏电阻作为传感元器件，设计并制作一个温度检测电路，要求实现以下功能：

①在室温下，七段数码管稳定显示 1。

②在体温下，七段数码管稳定显示 3。

③在高温下，稳定显示 8;，并且数字不停闪烁，闪烁频率大约为 4-10Hz，同时扬声器发出警报声。

注：*热敏电阻在摄氏 25 度时的标称电阻为 10K，响应时间约 10 秒。

*测量体温时，可对热敏电阻吹气，或用手指紧贴热敏电阻，注意手指不要触及热敏电阻引脚。

*测量高温可将电烙铁靠近热敏电阻，保持一段距离，注意不要烫坏热敏电阻。

（2）报警器输出波形不限，要求基波频率为 1024Hz，误差小于 10%。

（3）在高温报警同时将报警信号降频处理，得到一个周期秒脉冲信号，以绿色发光二极管显示，即绿色发光二极管以 1 秒为周期闪烁。

注：由于条件限制无法测量频率，采用降频后发光二极管闪烁判断报警器的音频频率。

（4）本作品有低功耗要求，在高温报警状态下，要求稳压电源小于 50mA。

（5）在温度单调变化过程中，七段数码管显示数字不得反复跳变，不得显示非法字符，报警与降频电路仅在高温状态下启动。

二、电路工作原理

总体电路示意图如图 7.6.1 所示。

（1）电源部分输出的电压经整流桥整流、C_1 滤波、LM317 稳压，输出 7.5V 电压，并点亮 LED_1，将开关闭合，为后面电路供电。

（2）温度检测部分：热敏电阻 R_4 用于提供基准电压。随着温度的变化，输出的基准电压也会变化。

①当环境温度为常温（设为 20℃）时，热敏电阻阻值不大于 10kΩ，所以 LM393（U_1）的正输入端电位会高于负输入端电位，其输出端输出高电平，当环境温度低于常温时，LM393（U_1）的正输入端电位会低于负输入端电位，其输出端输出低电平。

②当环境温度为人体体温（设为 37℃）时，热敏电阻阻值不大于 7.5kΩ，所以 LM393（U_2）的正输入端电位会高于负输入端电位，其输出端输出高电平，当环境温度低于人体体

温时，LM393（U_2）的正输入端电位会低于负输入端电位，其输出端输出低电平。

③当环境温度为高温（设为 60℃）时，热敏电阻阻值不大于 5.1kΩ，LM393（U_1）的正输入端电位会高于负输入端电位，其输出端输出高电平，当环境温度低于高温时，LM393（U_1）的正输入端电位会低于负输入端电位，其输出端输出低电平。

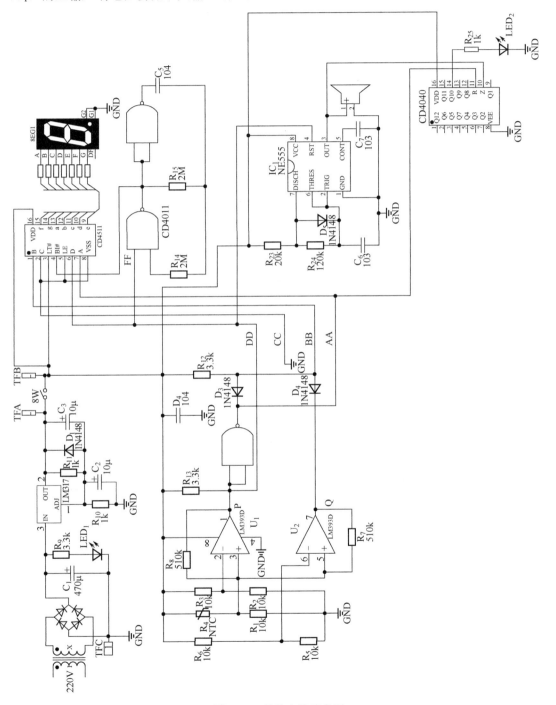

图 7.6.1　总体电路示意图

（3）显示部分：

①当前温度为常温时，导线 A 处为高电平（信号 $A=1$），七段数码管显示 1。

②当前温度为体温时，导线 B 处为高电平（信号 $B=1$），同时 A 处高电平不改变，七段数码管显示 3。

③当前温度为高温时，导线 D 处为高电平（信号 $D=1$），同时高电平通过导线 F 送至 CD4011，使得 CD4511 的 B、C 端电平被拉低，七段数码管显示 8。

（4）七段数码管的闪烁功能：当前温度为高温时，七段数码管显示 8，同时 CD4511 的引脚 5（LE）为高电平，此时通过引脚 6（D）输入频率为 8Hz 的控制信号，使得引脚 13（a）输出 8Hz 的矩形波，七段数码管显示的字符 8 以 8Hz 频率不断闪烁，直到当前温度低于高温时，引脚 6（D）为低电平，引脚 5（LE）为低电平，使得引脚 4（$\overline{BI}$）为高电平，经过引脚 13、引脚 12 反相，在引脚 11 输出低电平，使得七段数码管稳定显示。

（5）报警部分：此部分电路由 NE555 构成多谐振荡器，当 RST 端为高电平时（当前温度为高温时），OUT 端输出信号的频率的计算过程如下：

$$T=0.7\times(20+120)\times 10^3\times 10^3\times 10^{-12}\times 10=9.8\times 10^{-4}(s)$$

$$f=1/T\approx 1024(Hz)$$

此时扬声器响，当 RST 端为低电平时（当前温度达不到高温的判别标准时），OUT 端输出低电平，扬声器不响。

（6）高温报警降频电路：将频率为 1024Hz 的信号输入 CD4040 作为时钟脉冲信号，CD4040 是分频芯片，将频率为 1024Hz 的信号进行 10 次 2 分频，在其输出端输出频率为 1Hz 的信号，当当前温度为高温，扬声器报警时，LED_2 以 1Hz 频率进行闪烁。电路中各处信号的关系如表 7.6.1 所示。

表 7.6.1　功能表

	P	Q	D	C	B	A	RST（CD4040 的引脚 11 的状态）	MR（NE555 的引脚 4 的状态）	显示
室温	0	0	0	0	0	1	1	0	1
体温	0	1	0	0	1	1	1	0	3
高温	1	1	1	0	0	0	0	1	8

由上述关系可得出：$C=0$，$B=\overline{P}$，$A=\overline{PQ}+\overline{P}Q=\overline{P}$，RST$=\overline{P}=A$，MR$=F=D=P$。